V. 1884
A 9

TRAITÉ

DE

L'ART DE LA CHARPENTERIE,

PAR A.-R. EMY,

Colonel du Génie en retraite, Membre de l'ordre royal de la Légion d'Honneur,

Professeur de Fortification à l'Ecole royale militaire de Saint-Cyr, Membre de l'Académie royale des Belles-Lettres, Sciences et Arts de la Rochelle, de la Société royale d'Agriculture et des Arts du département de Seine-et-Oise, de l'Institut historique, etc.

ATLAS.

PARIS.

Chez les Éditeurs,

CARILIAN-GŒURY ET **V. DALMONT**,
QUAI DES AUGUSTINS, 39.

ANSELIN SUCCESSEUR DE **MAGIMEL**,
RUE ET PASSAGE DAUPHINE, 36.

DÉCEMBRE 1841.

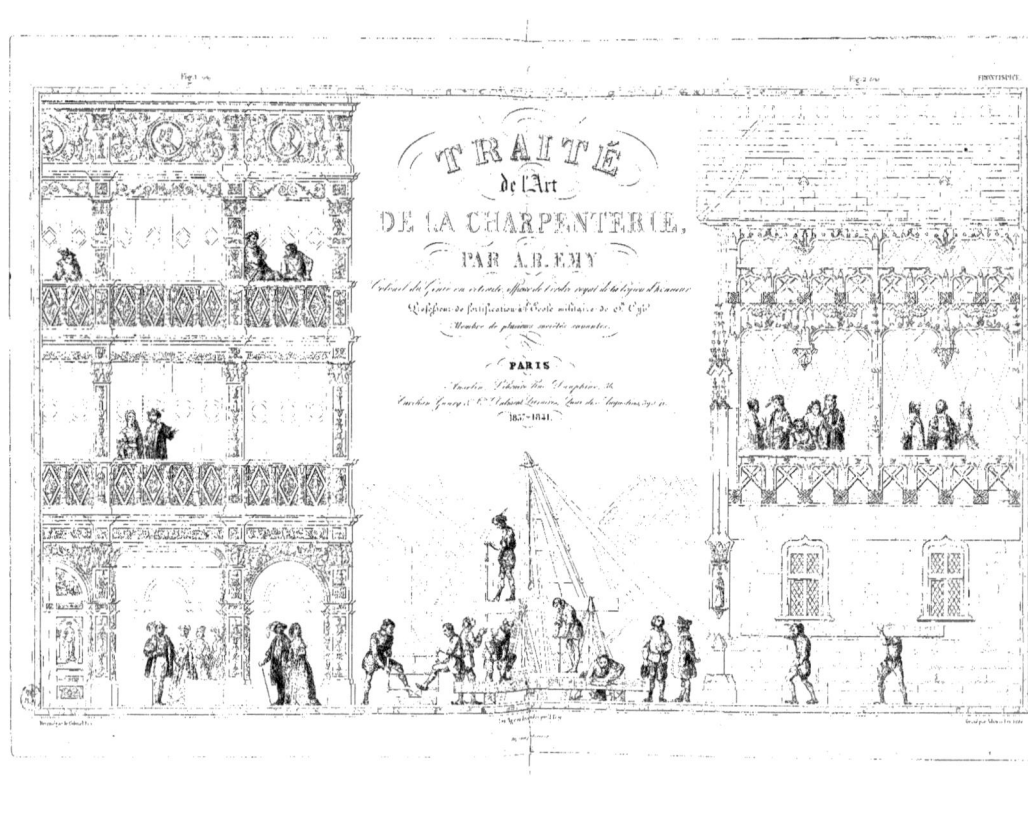

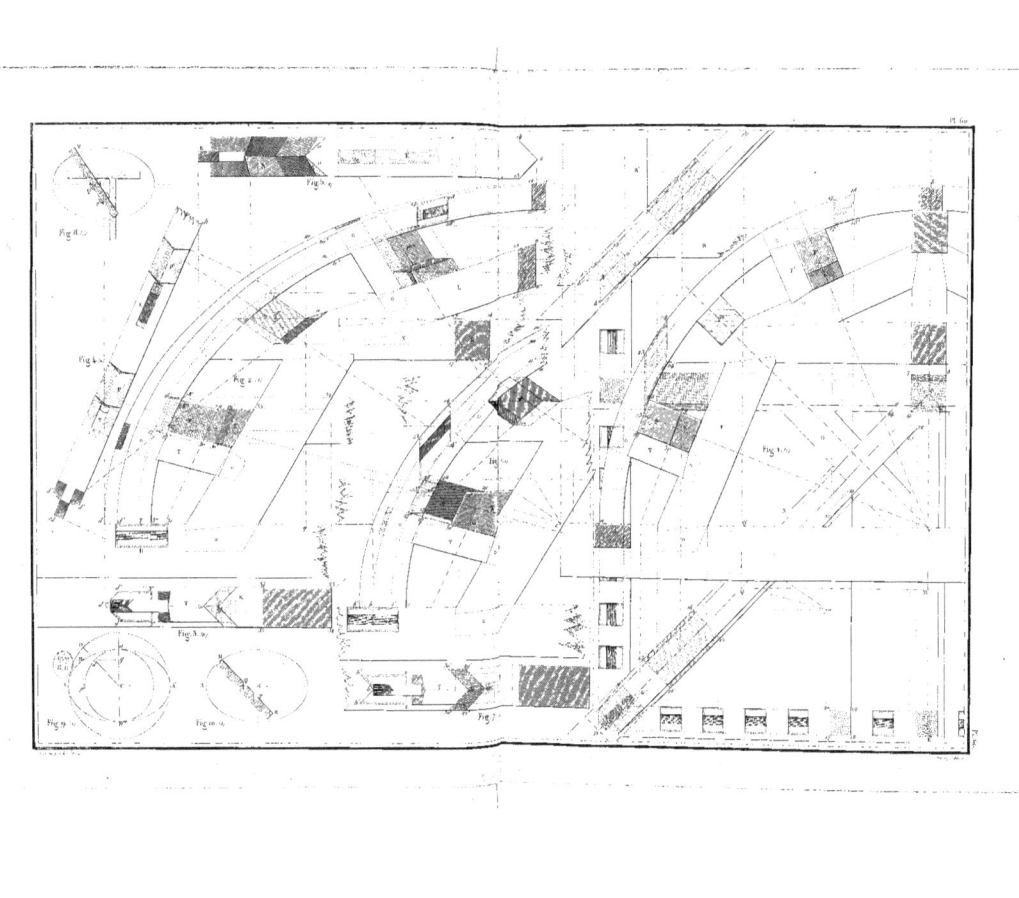

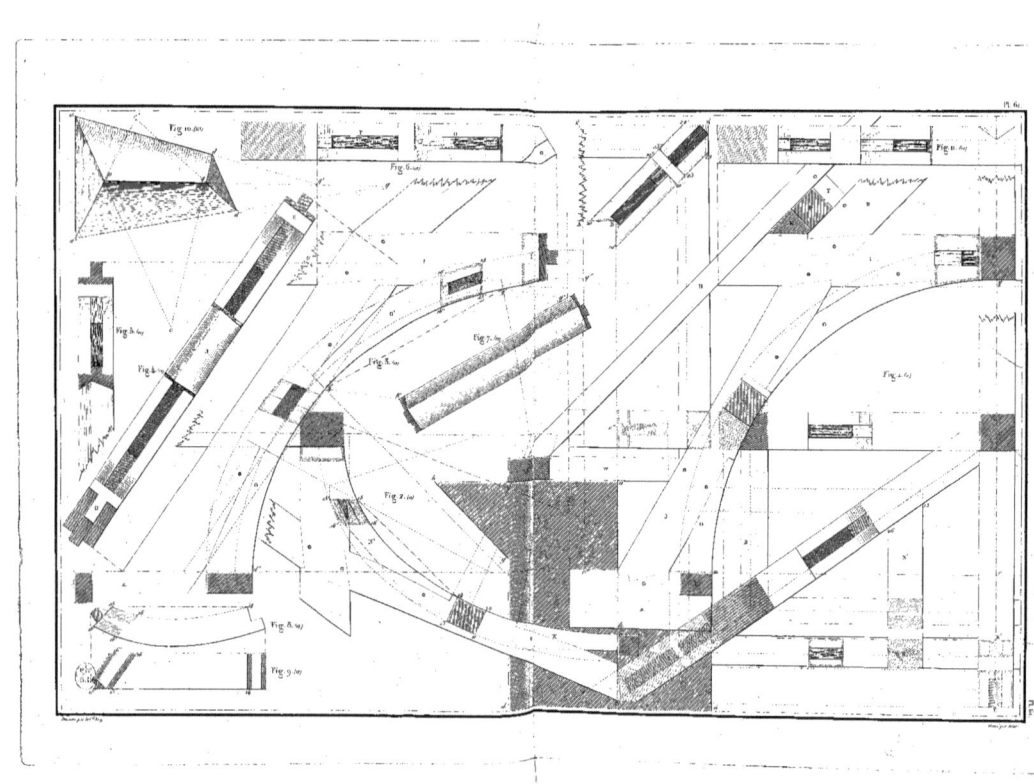

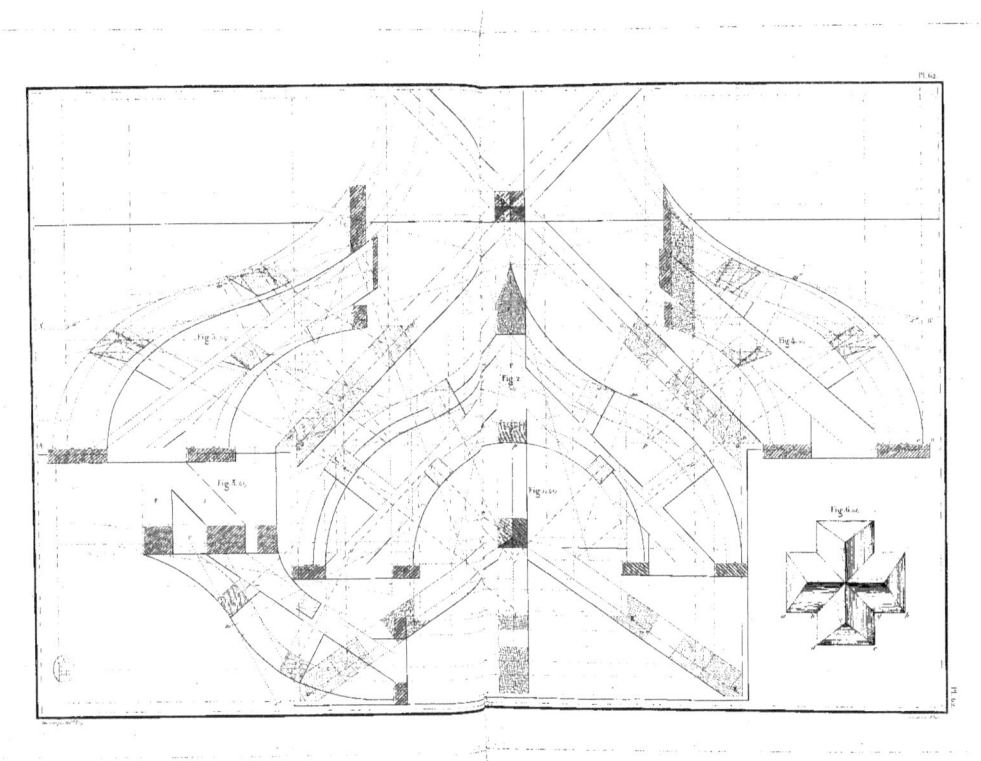

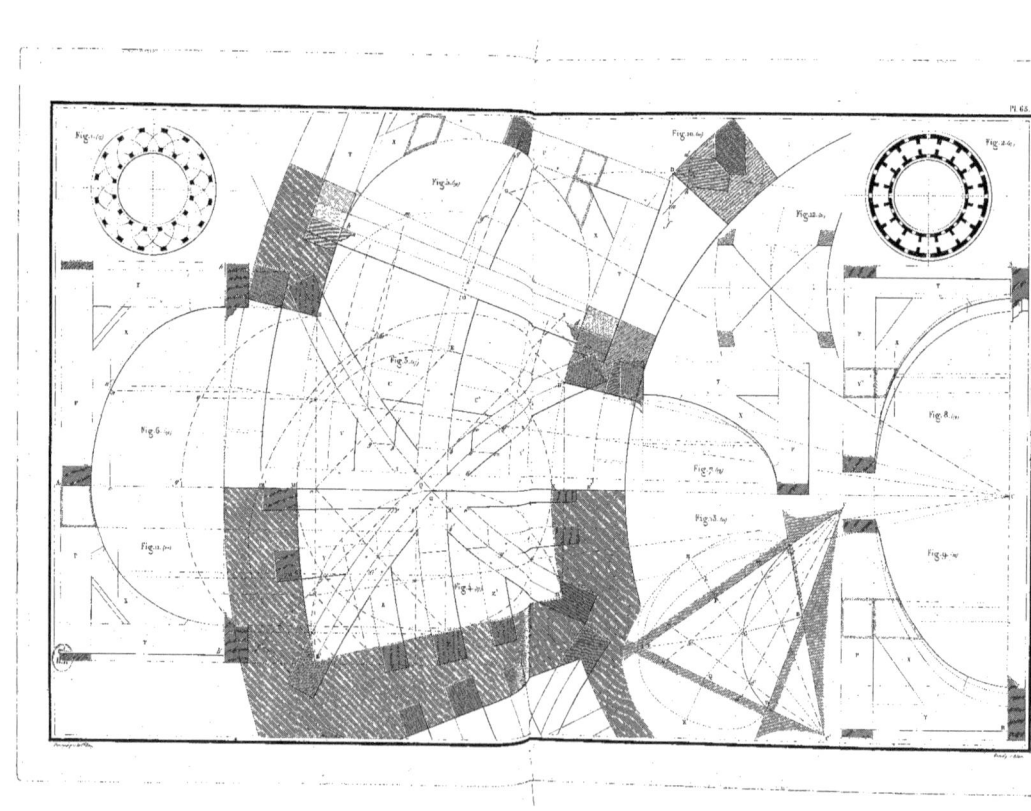

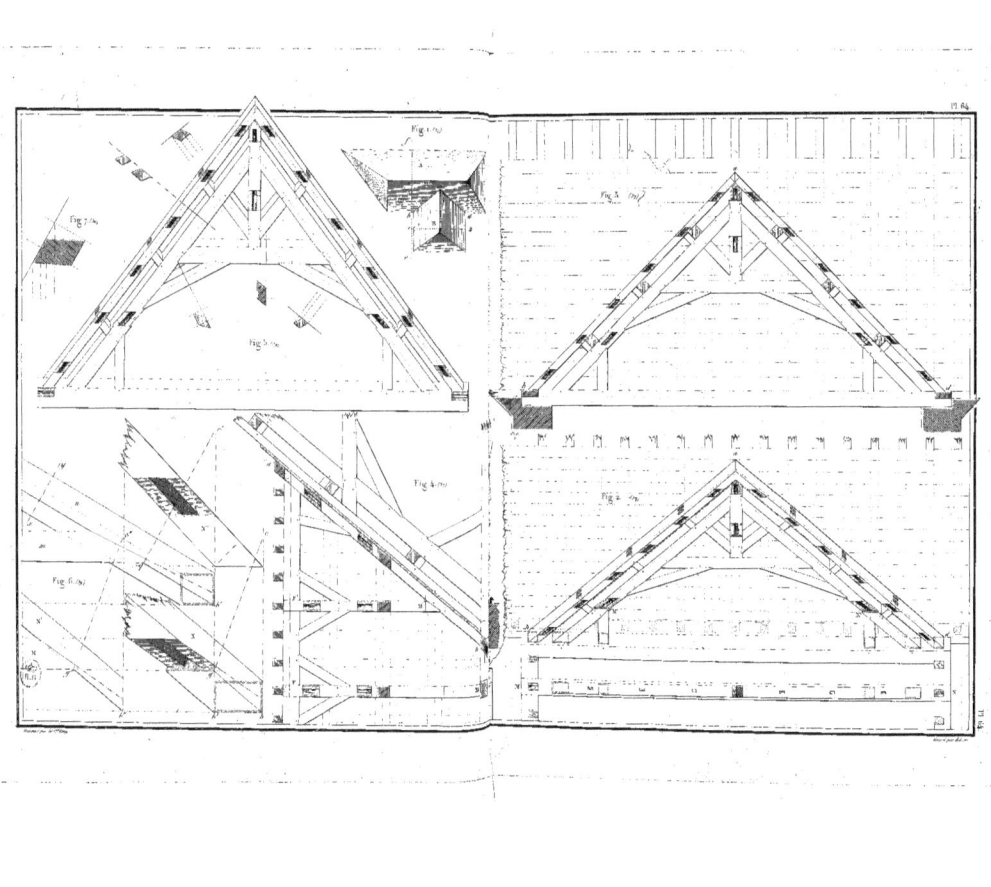

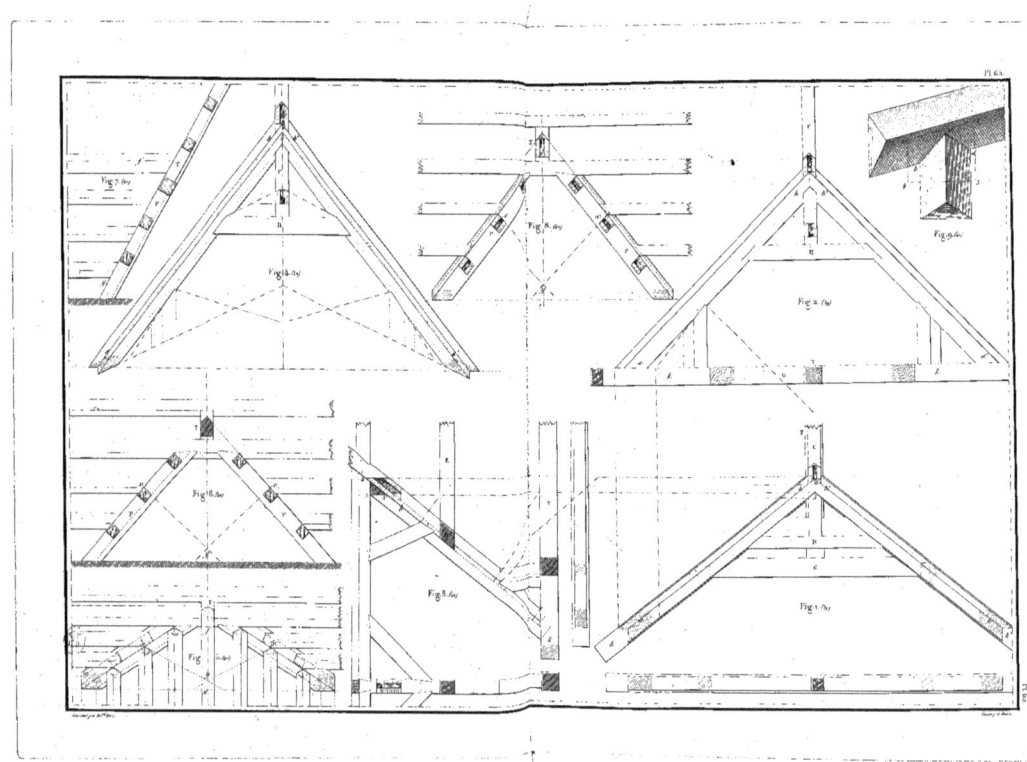

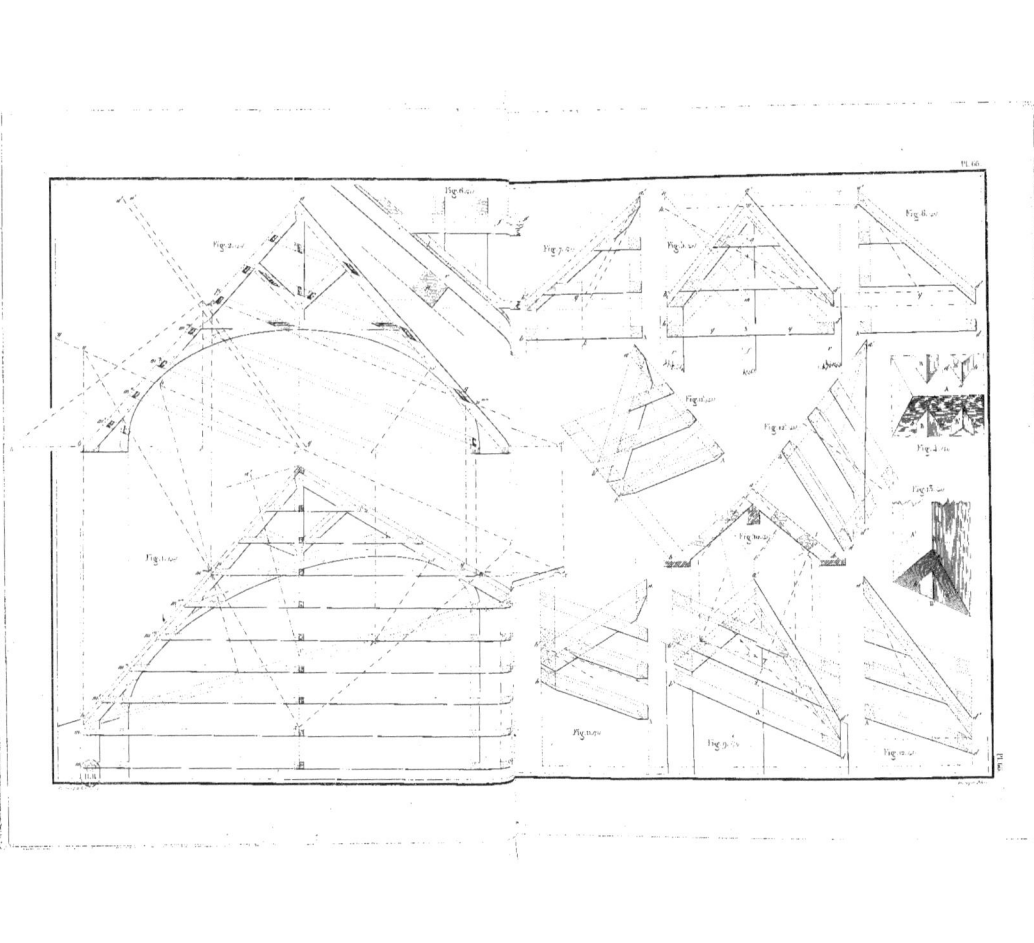

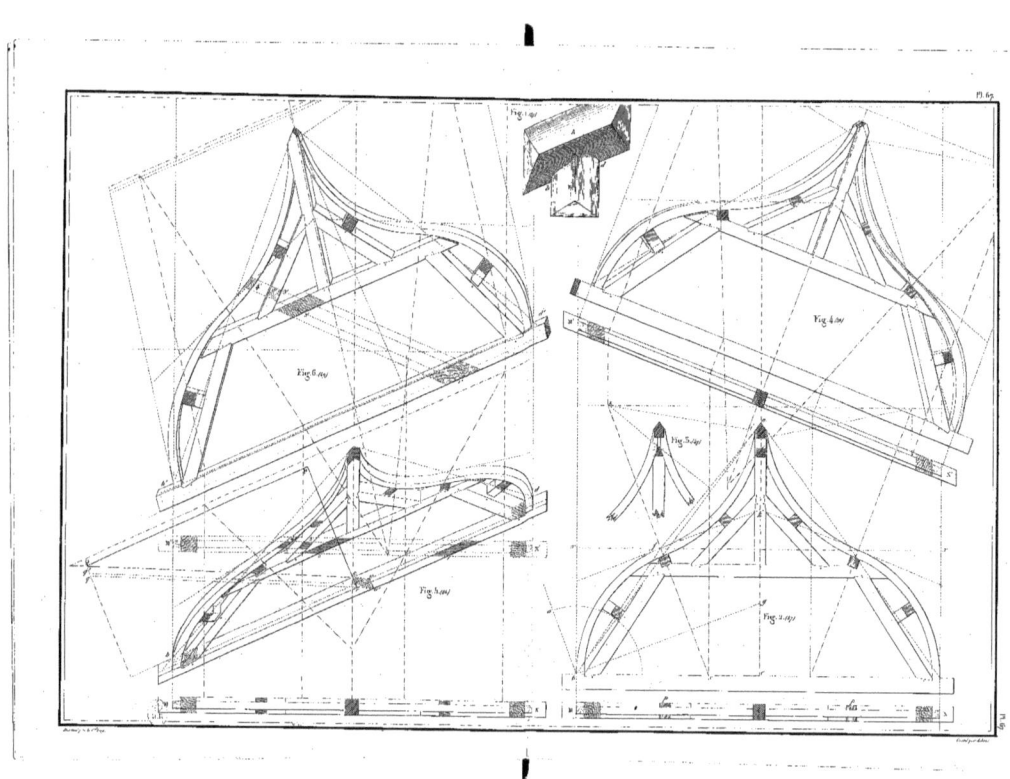

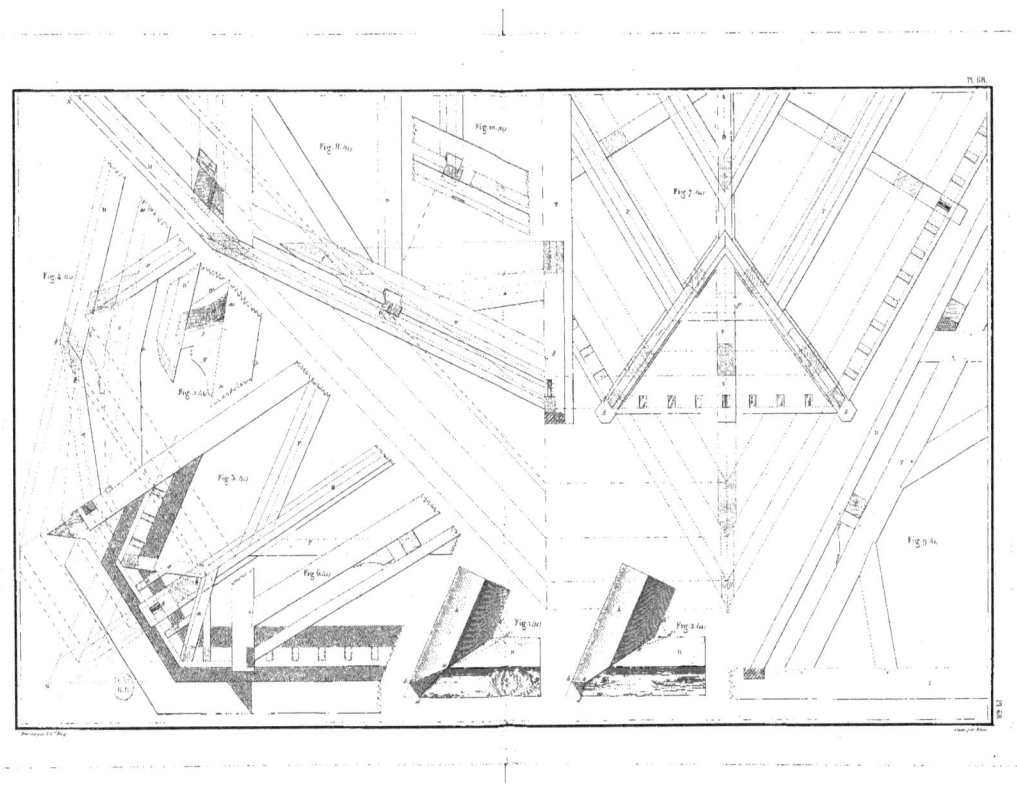

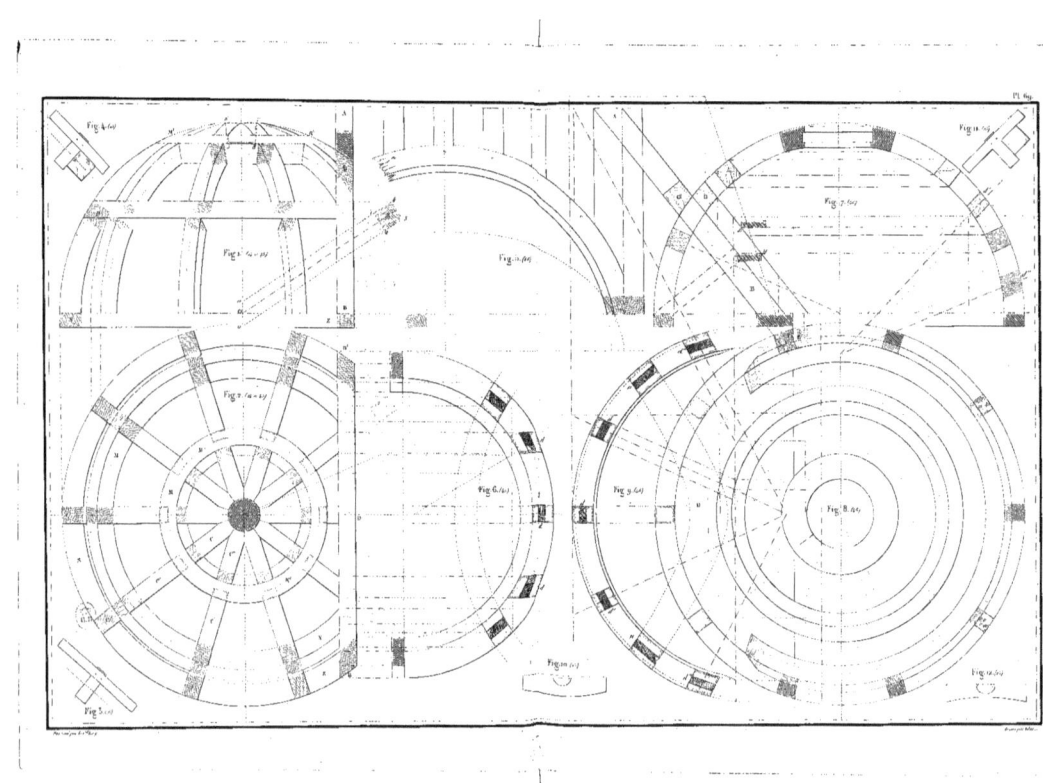

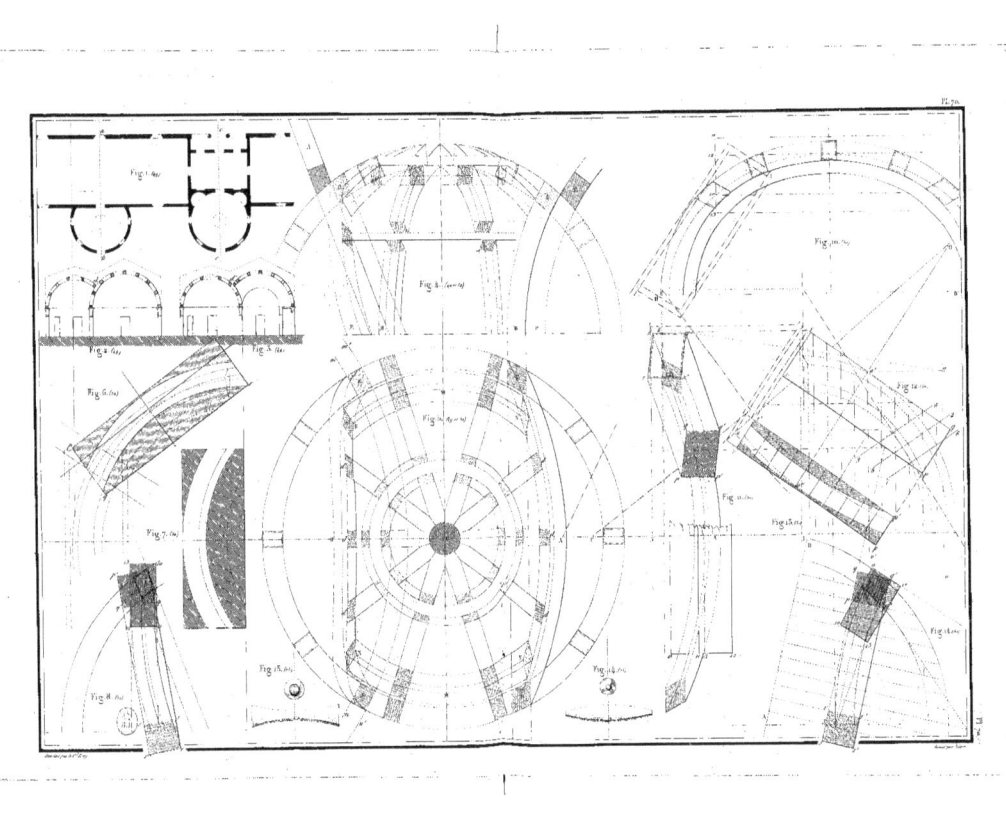

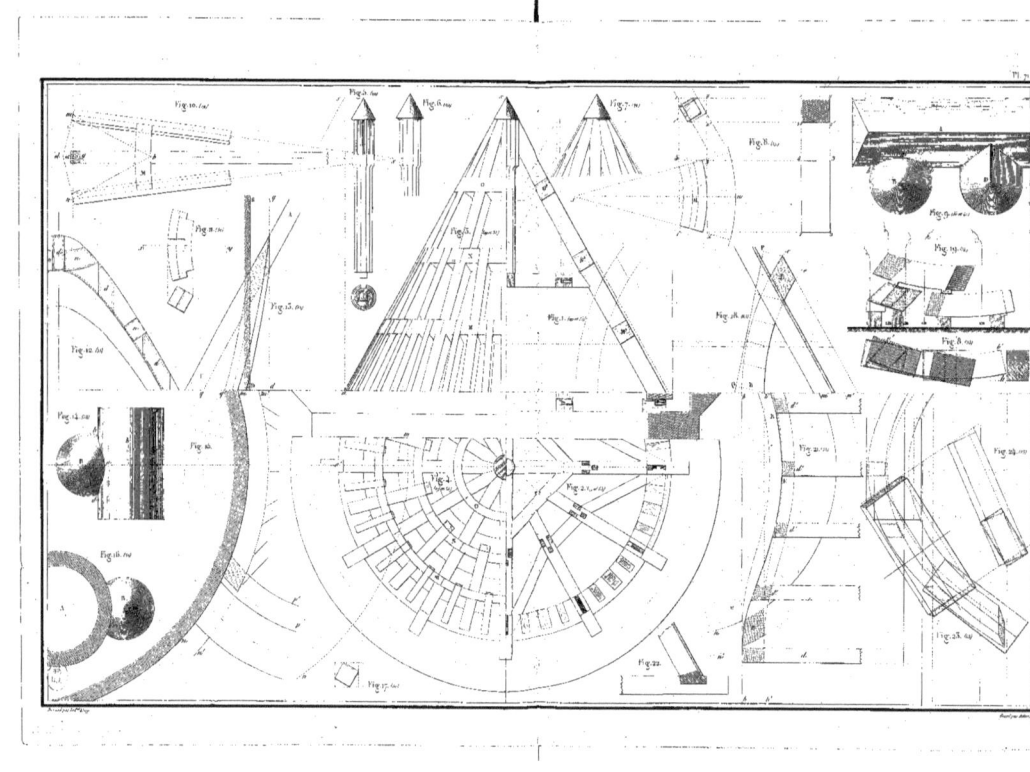

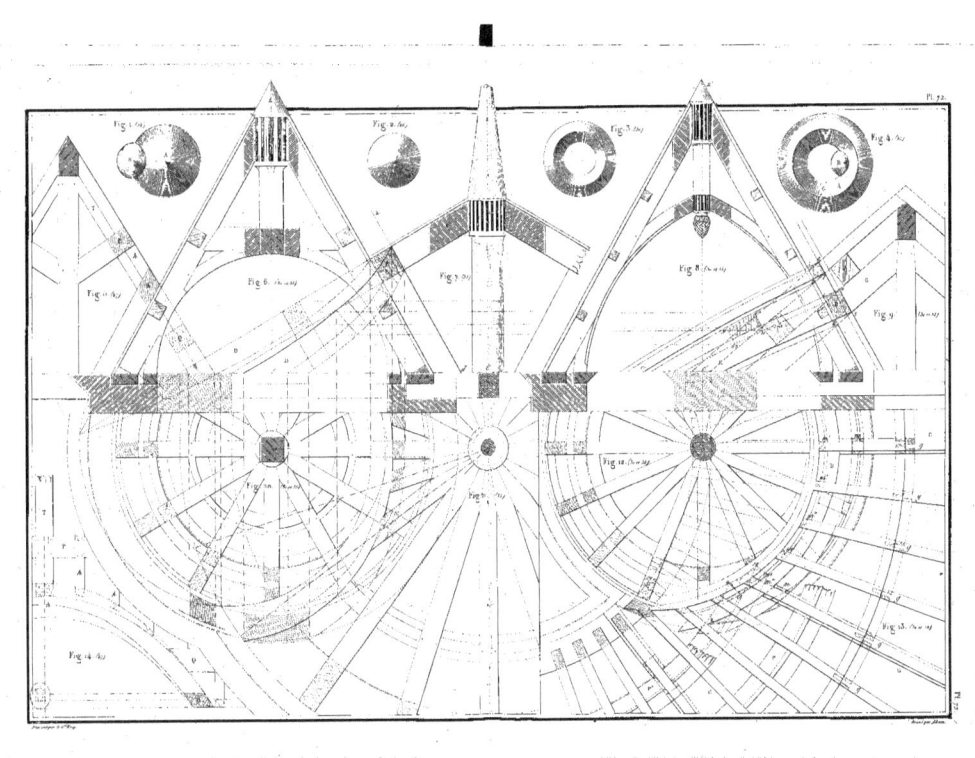

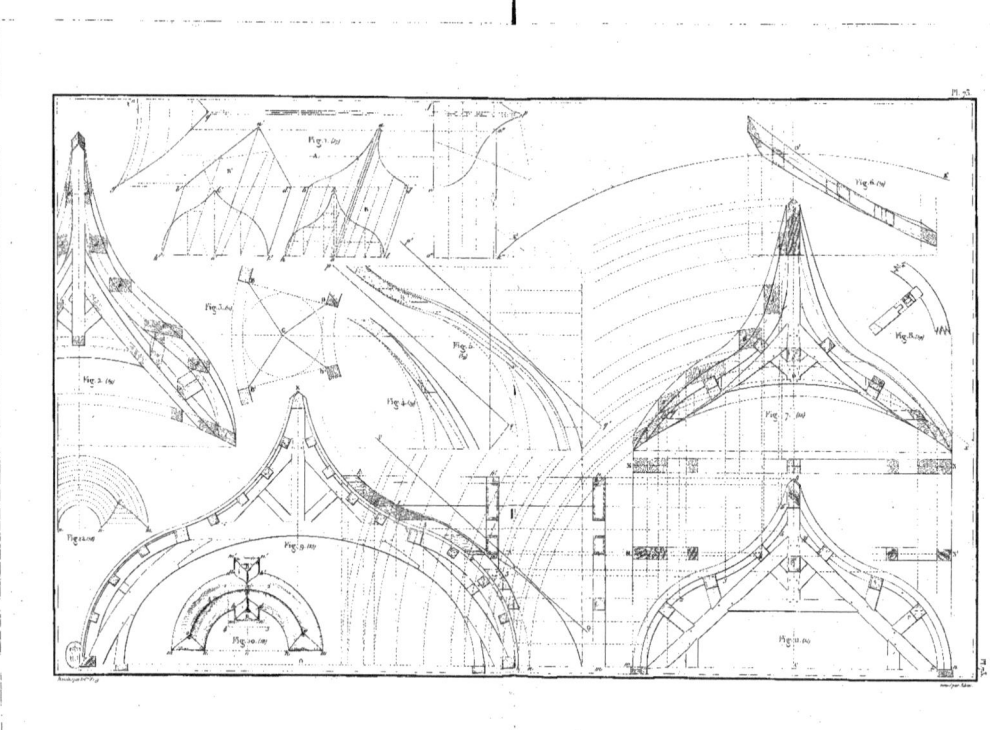

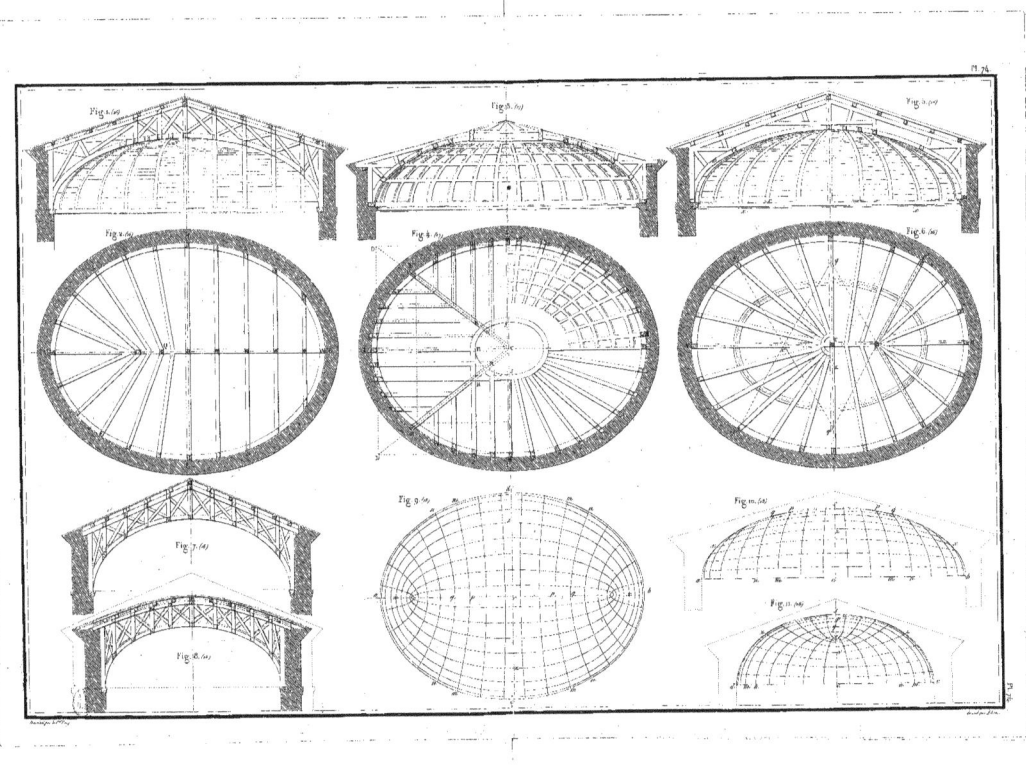

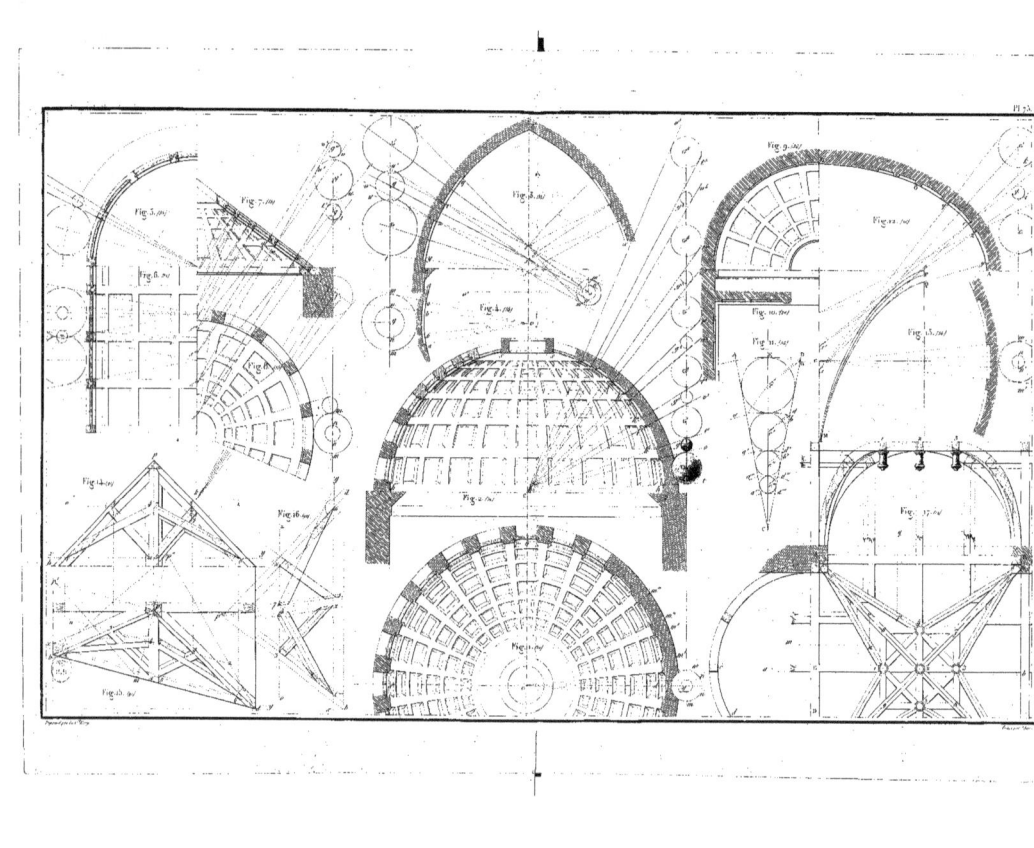

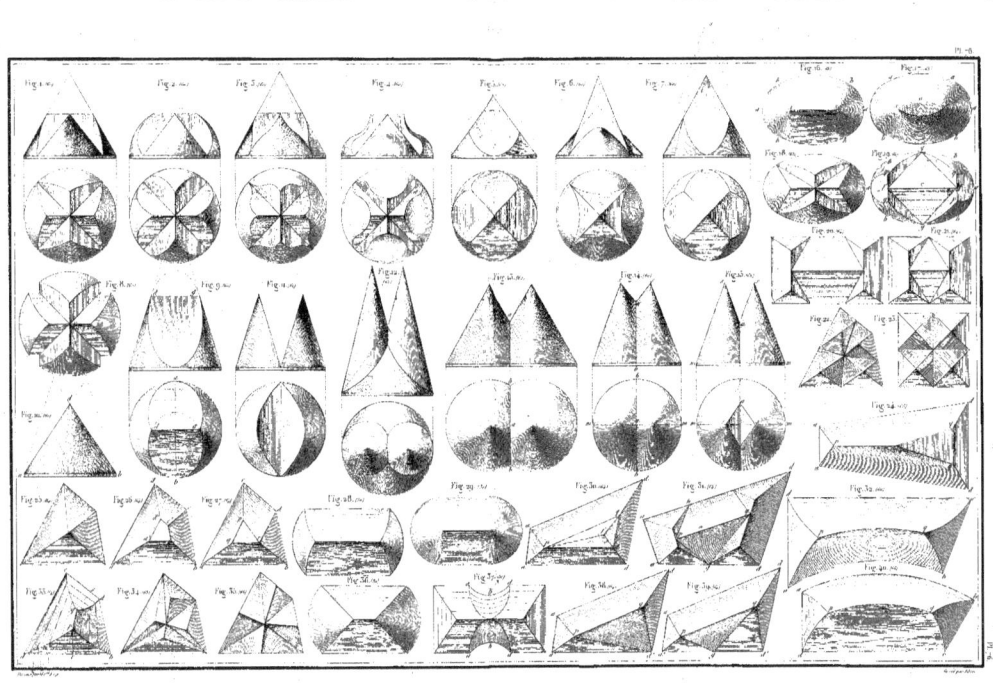

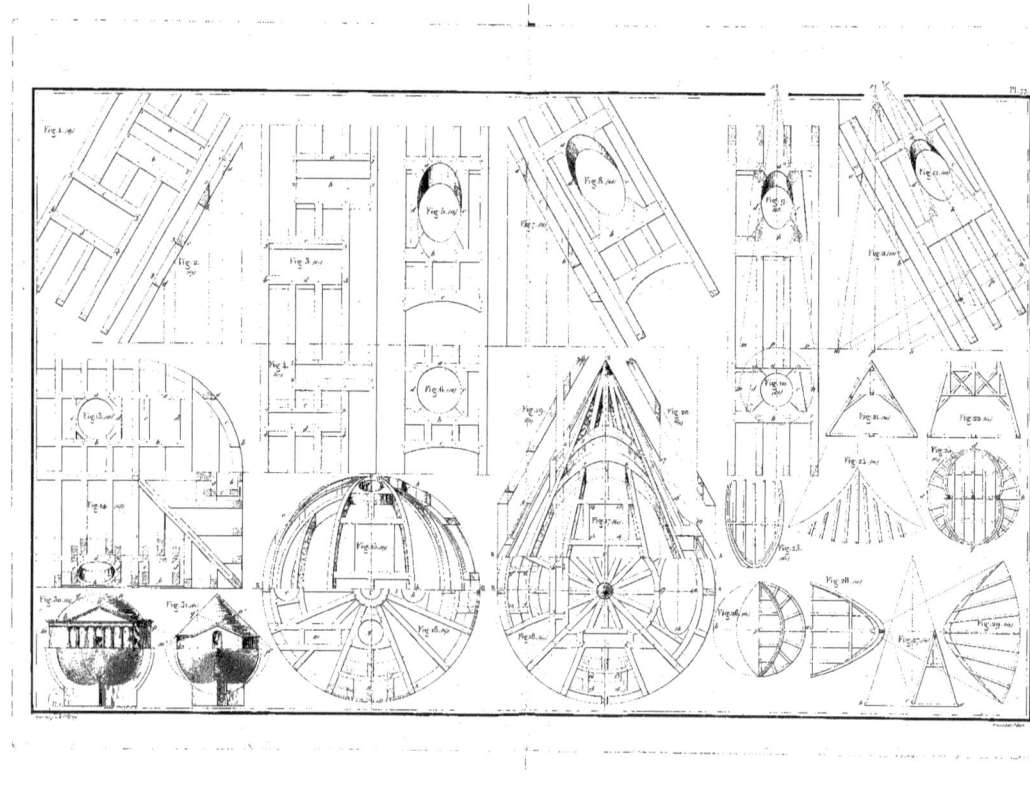

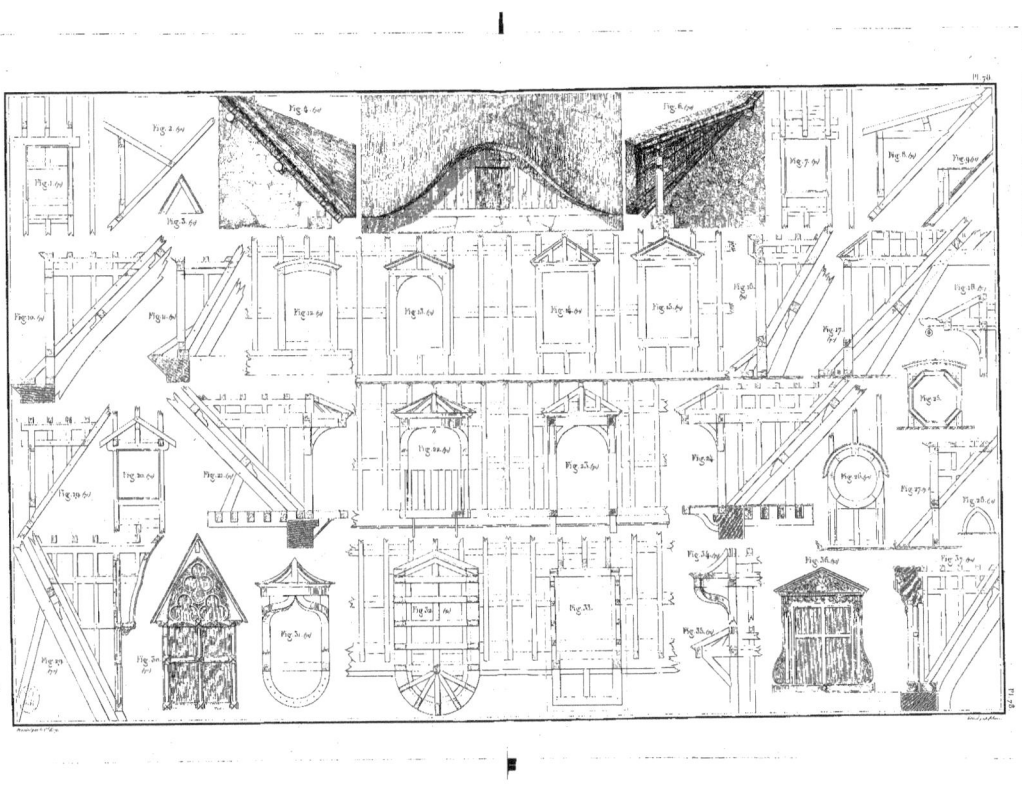

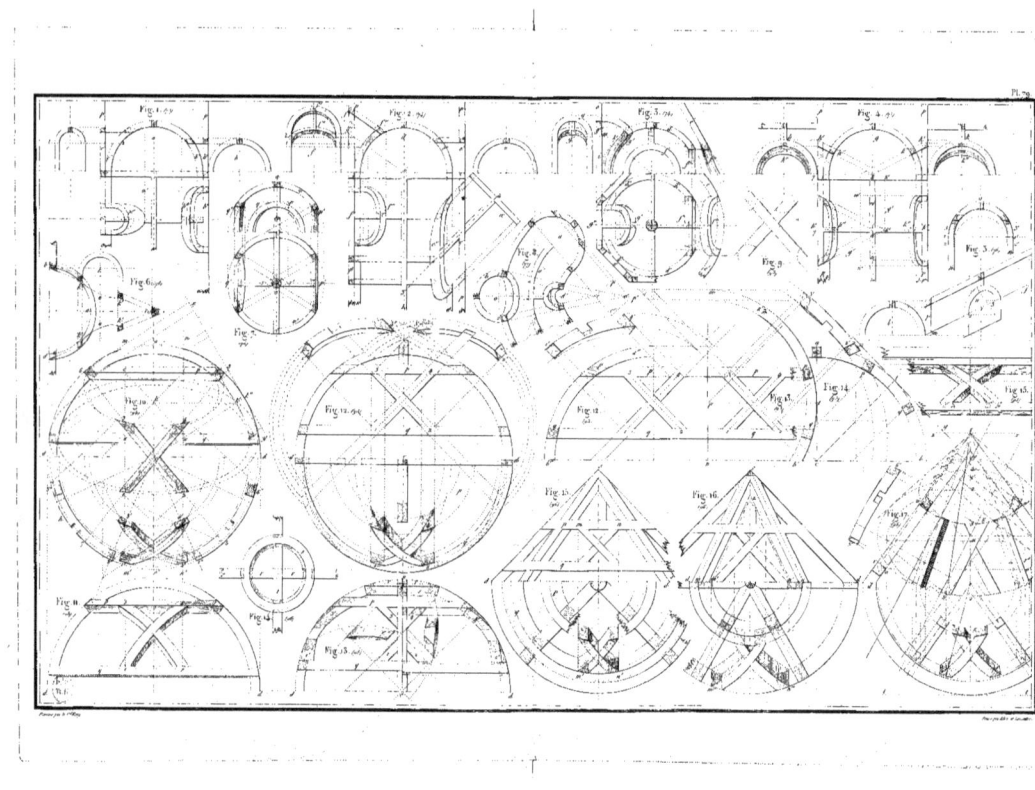

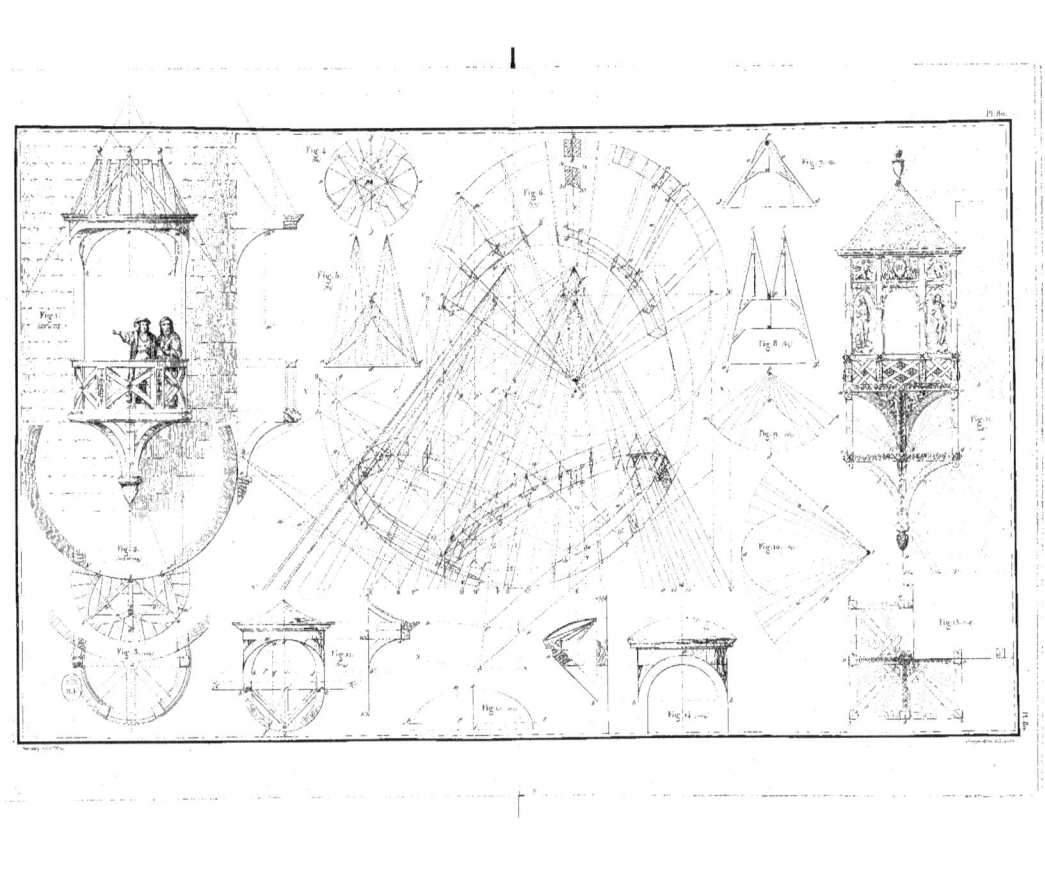

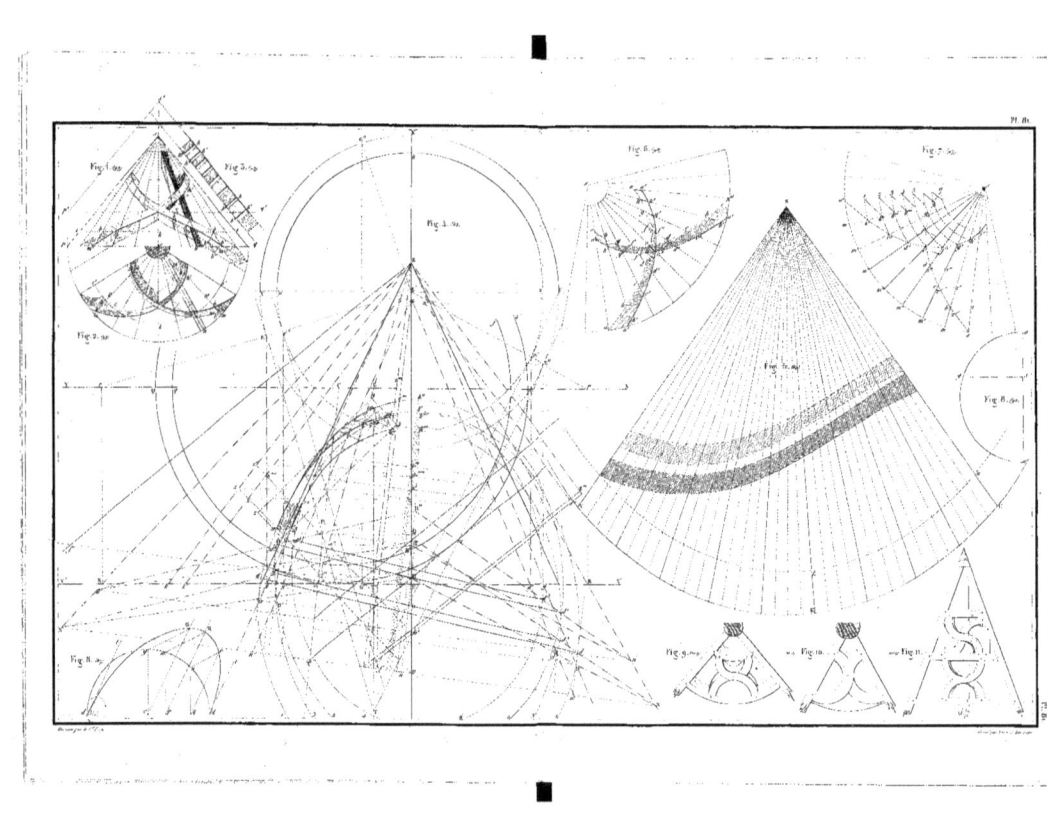

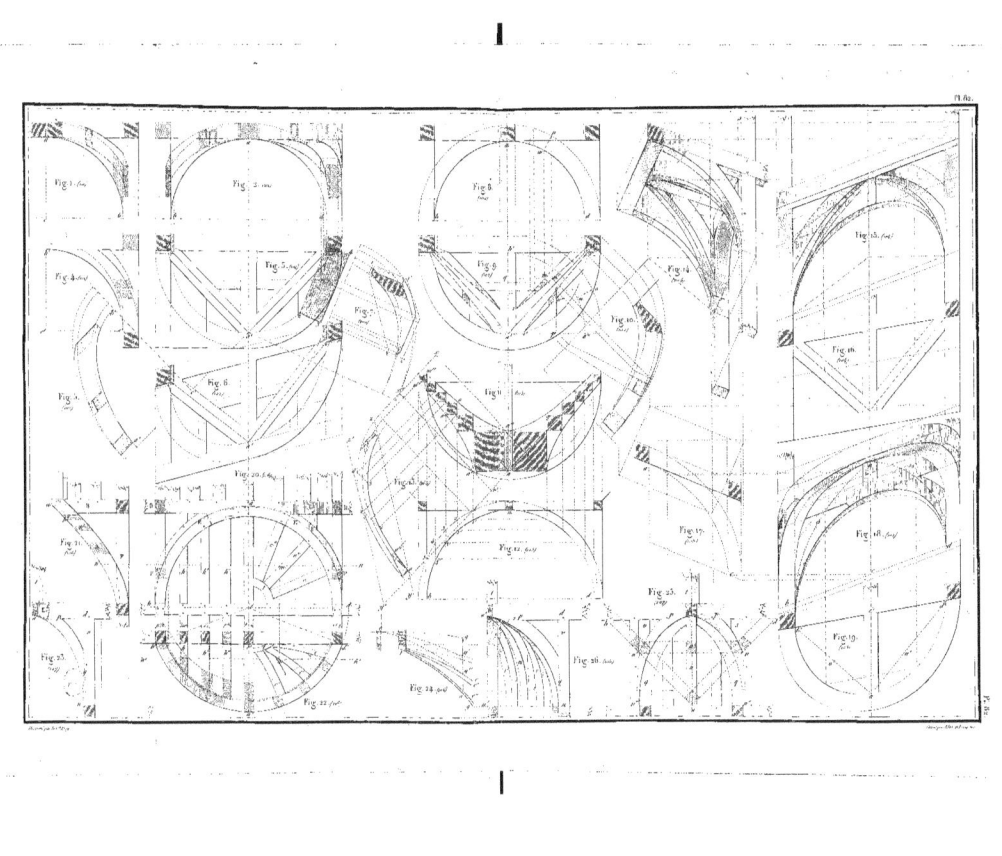

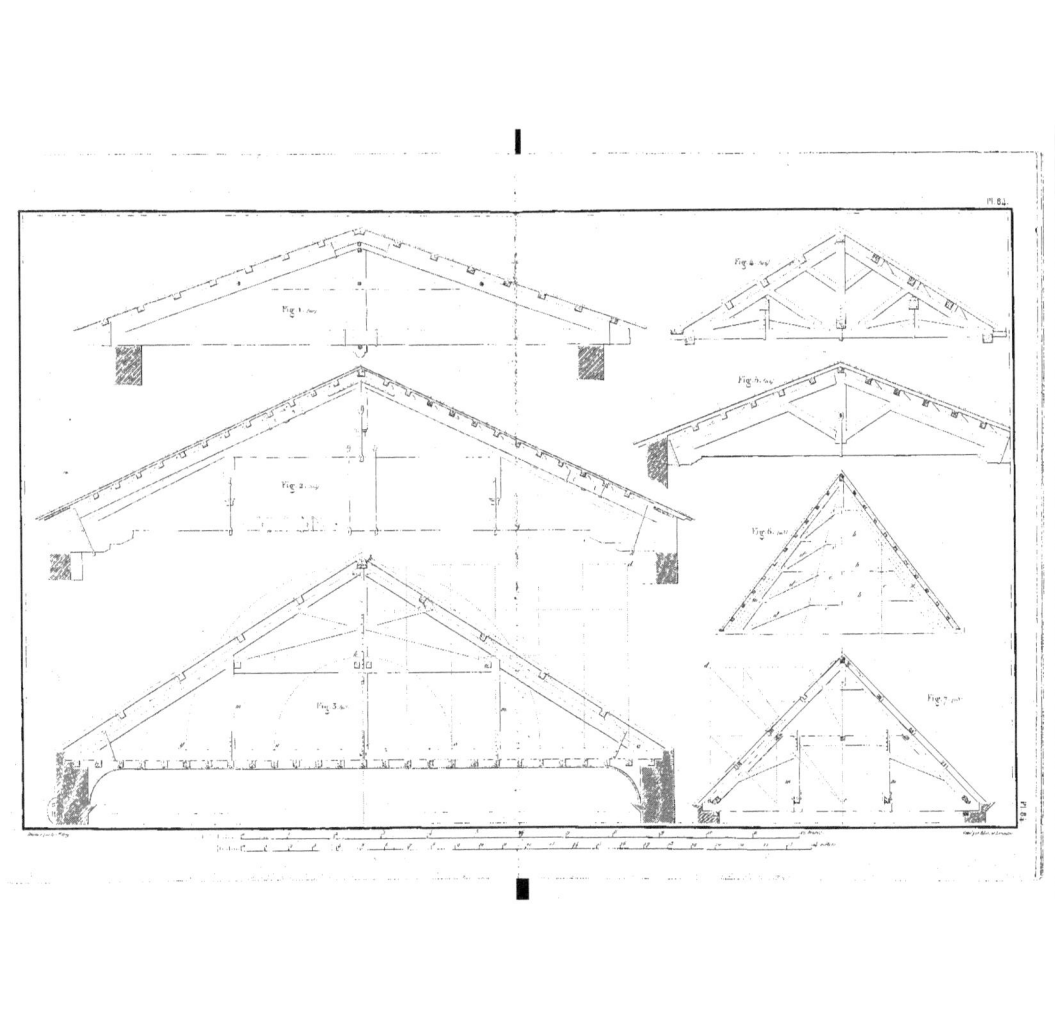

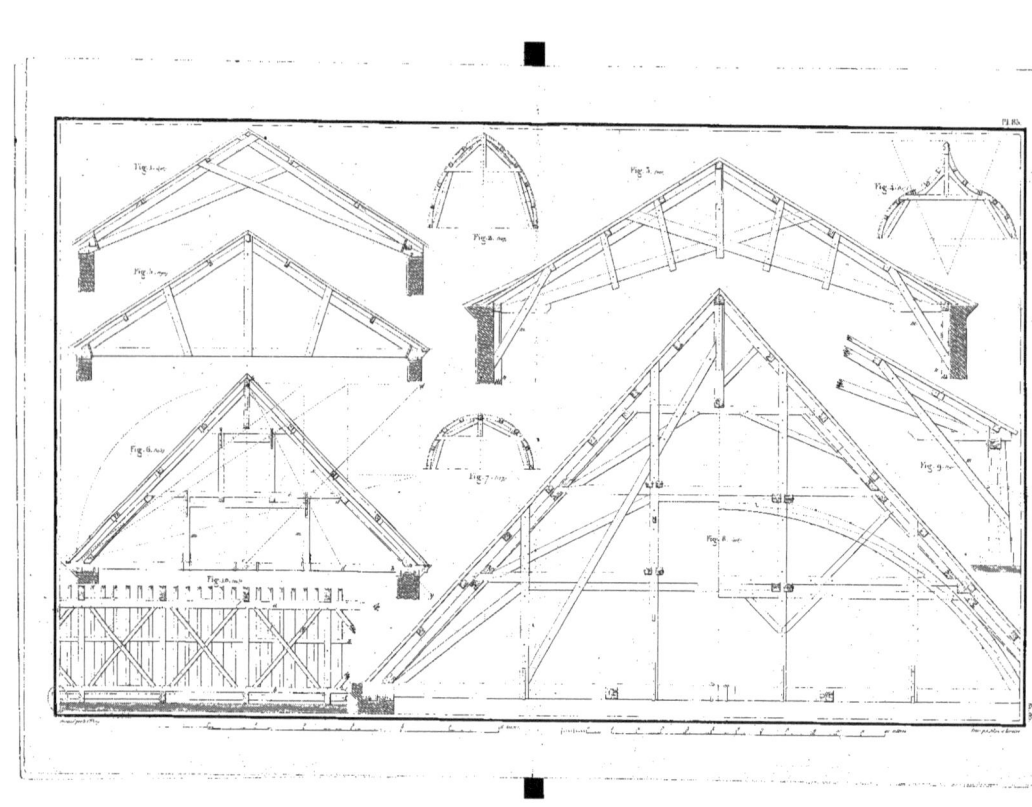

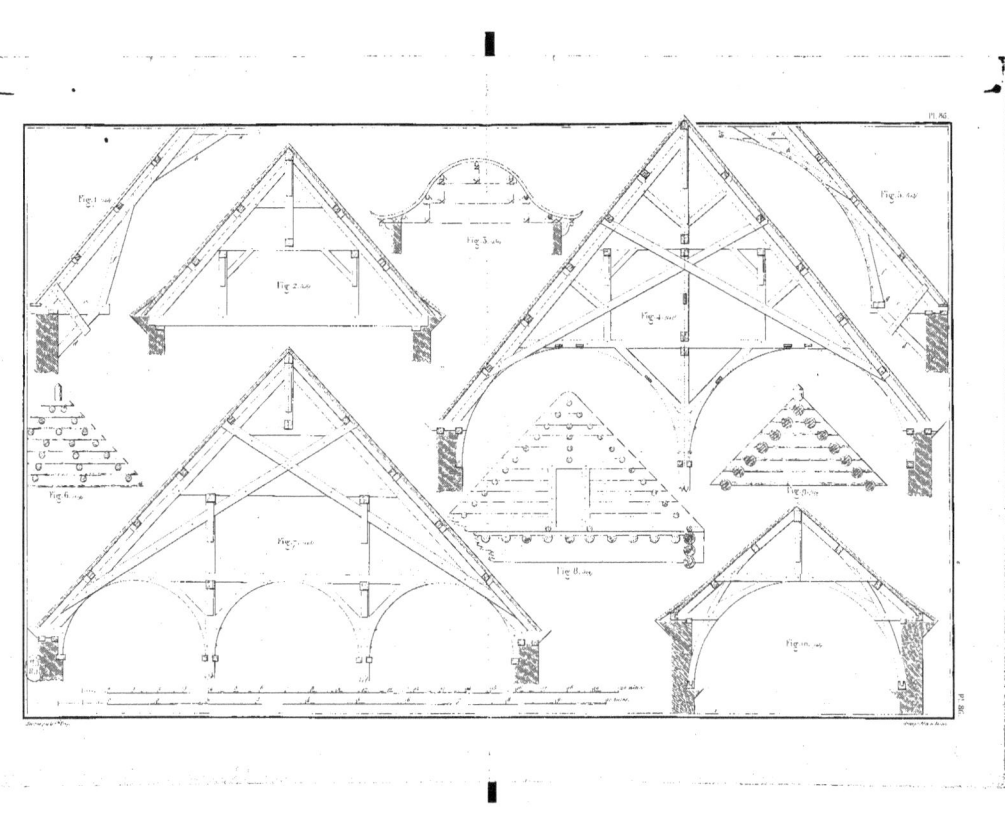

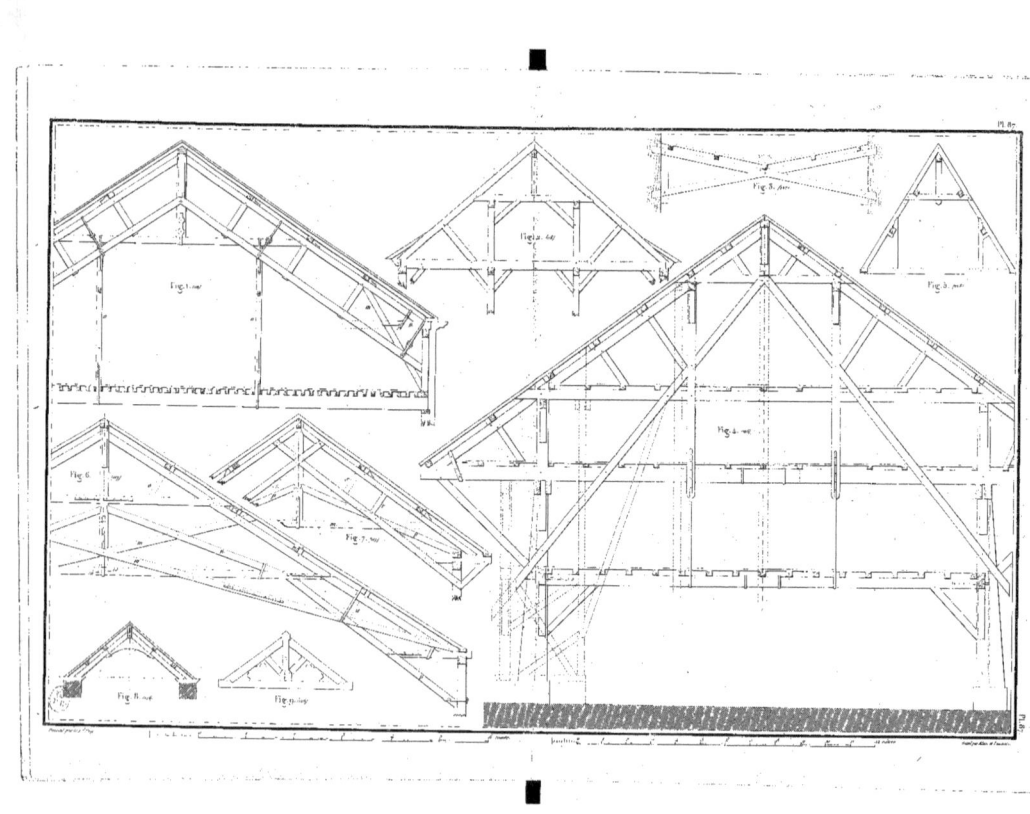

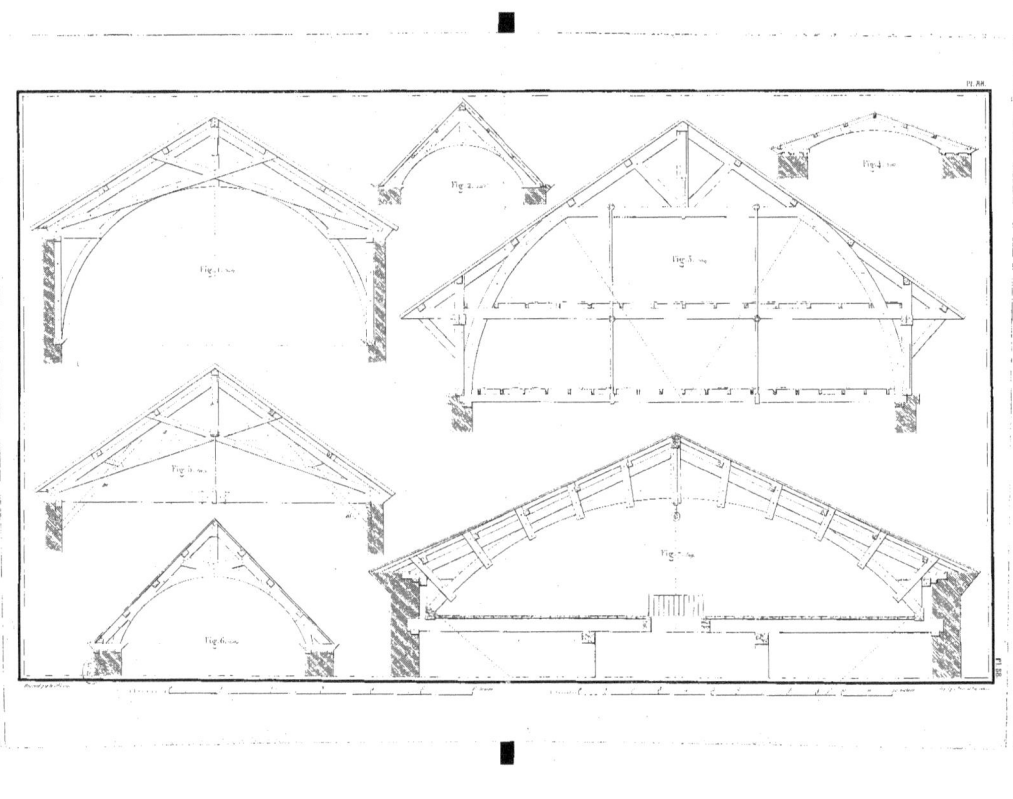

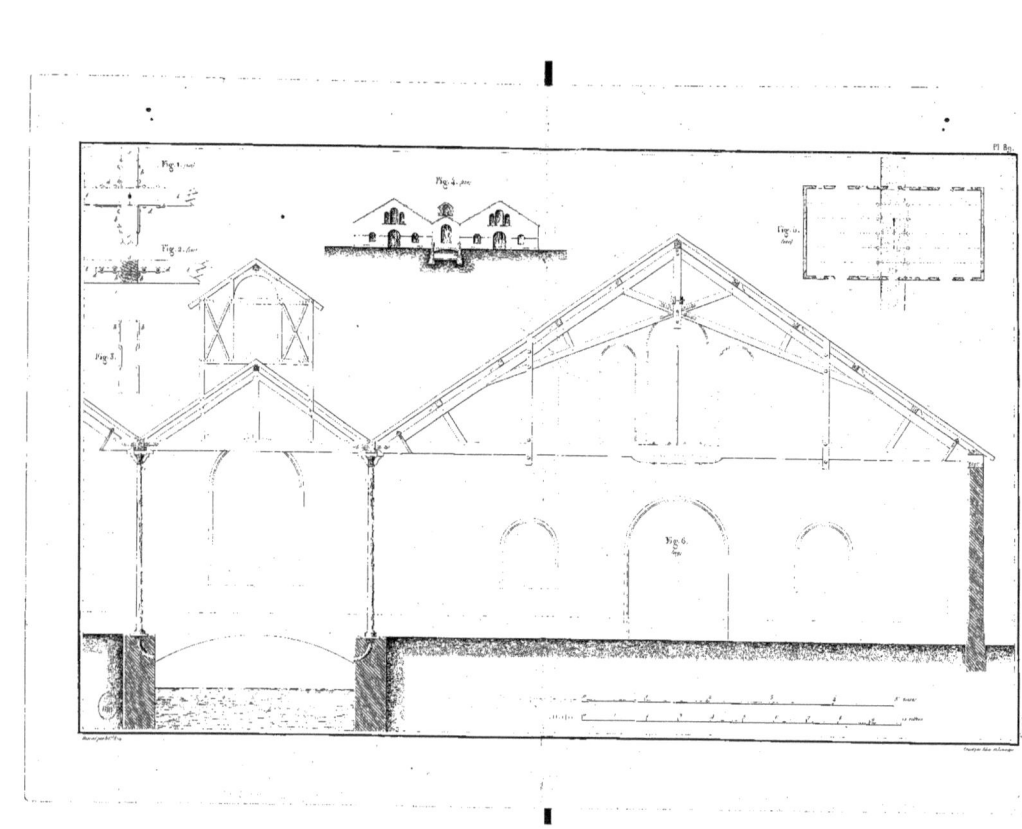

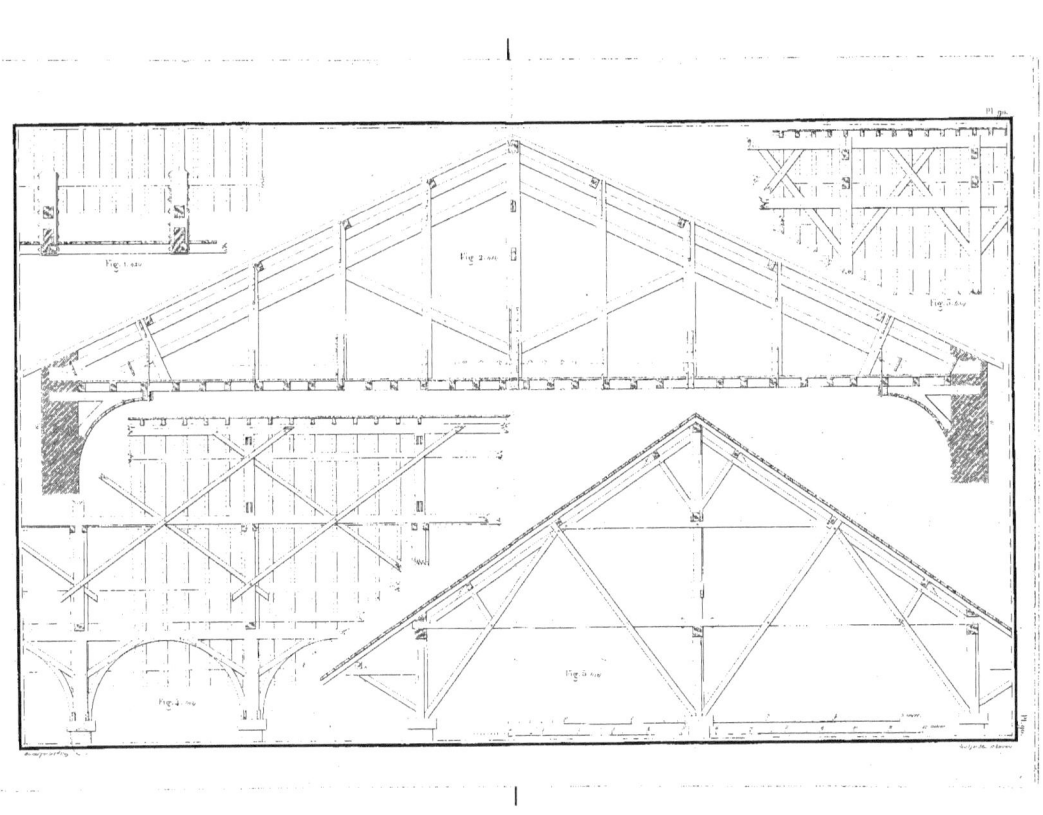

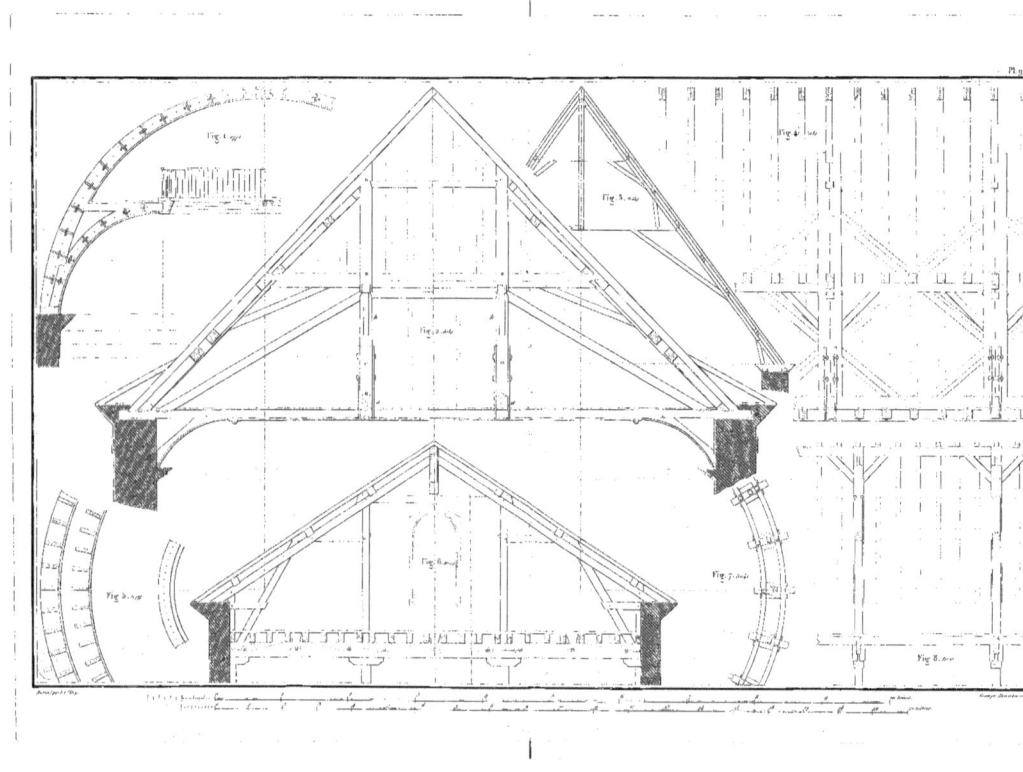

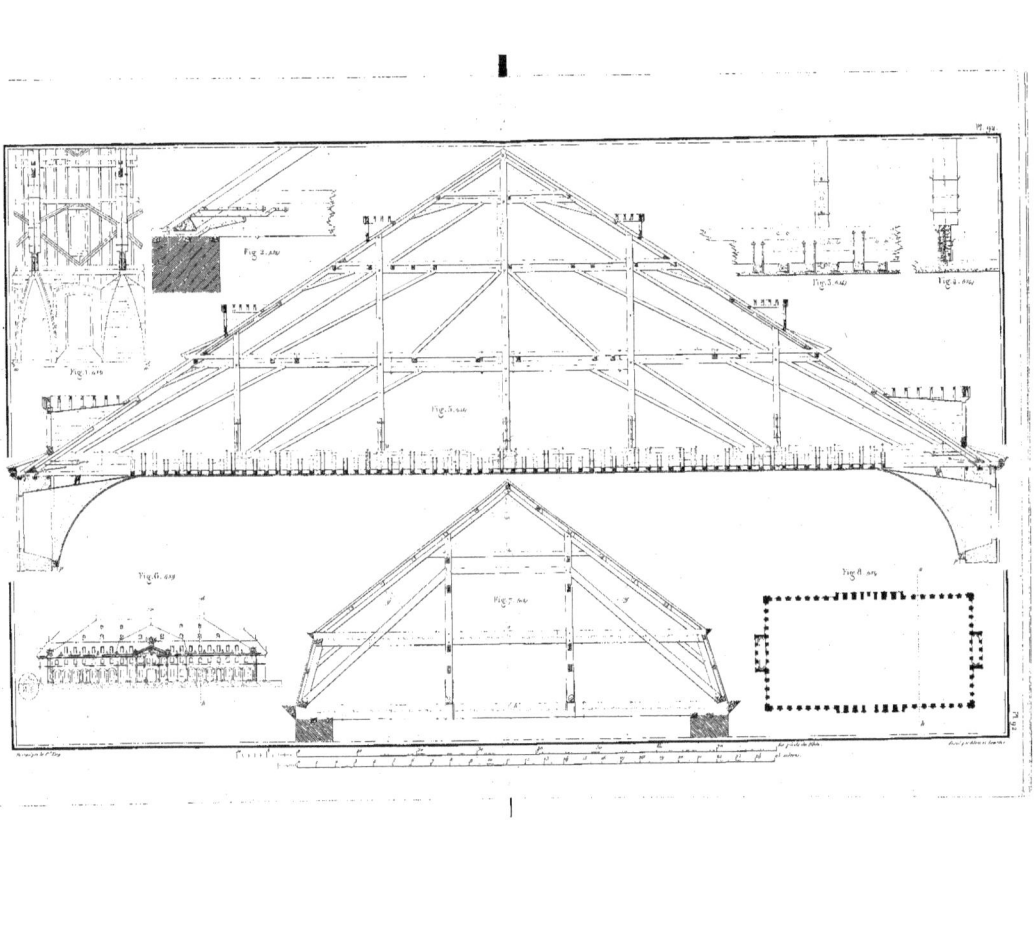

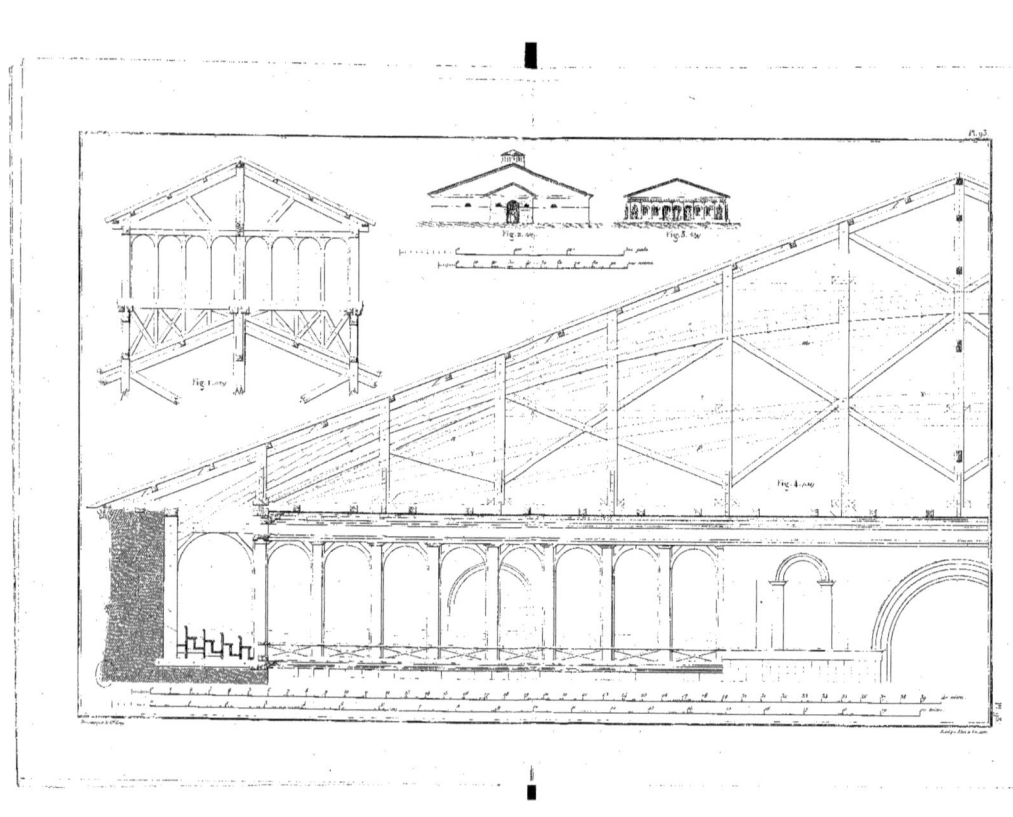

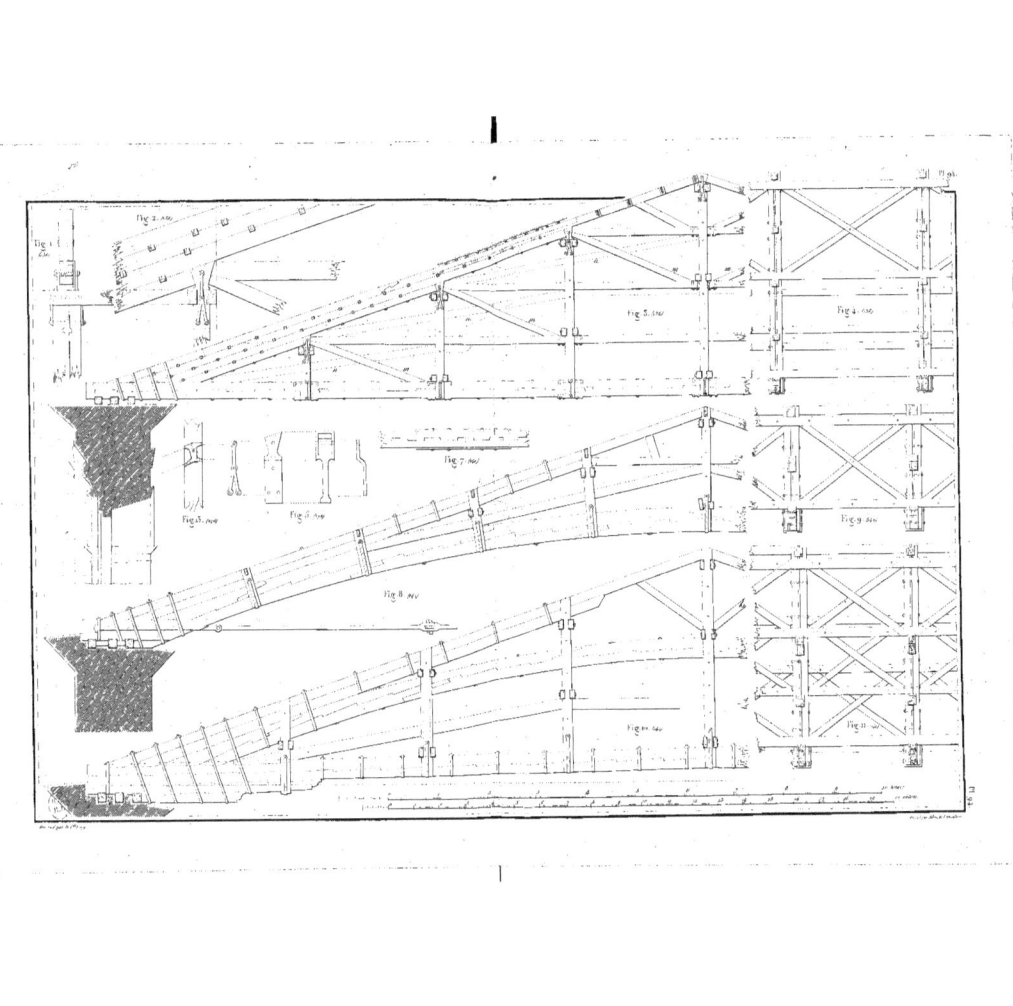

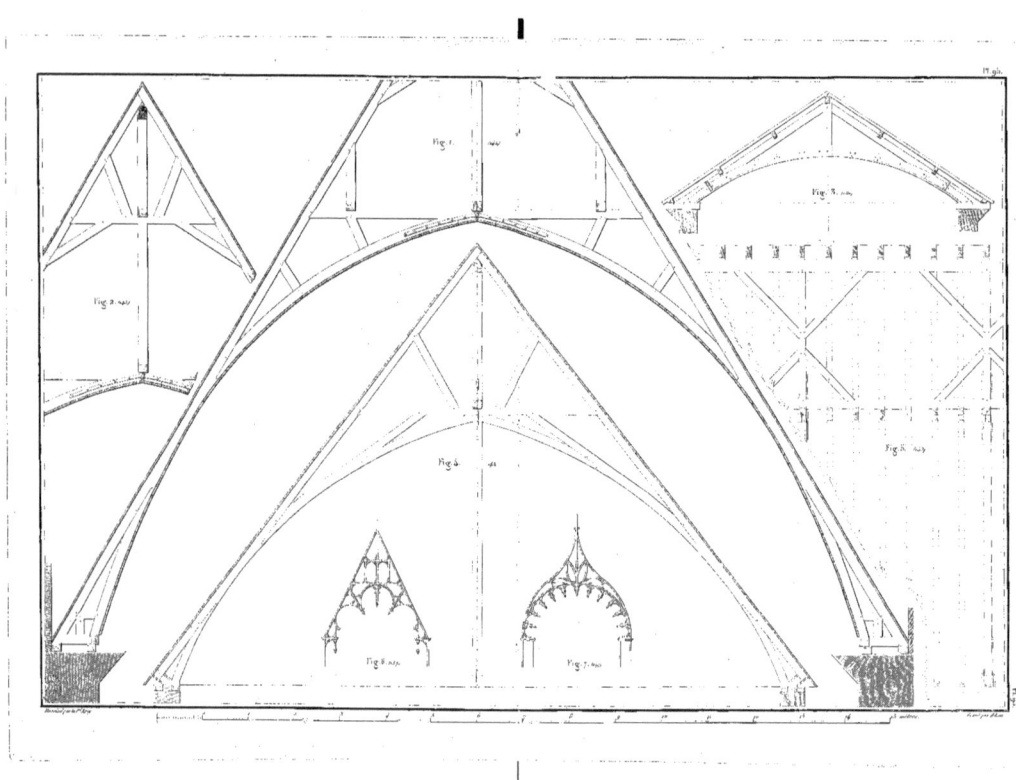

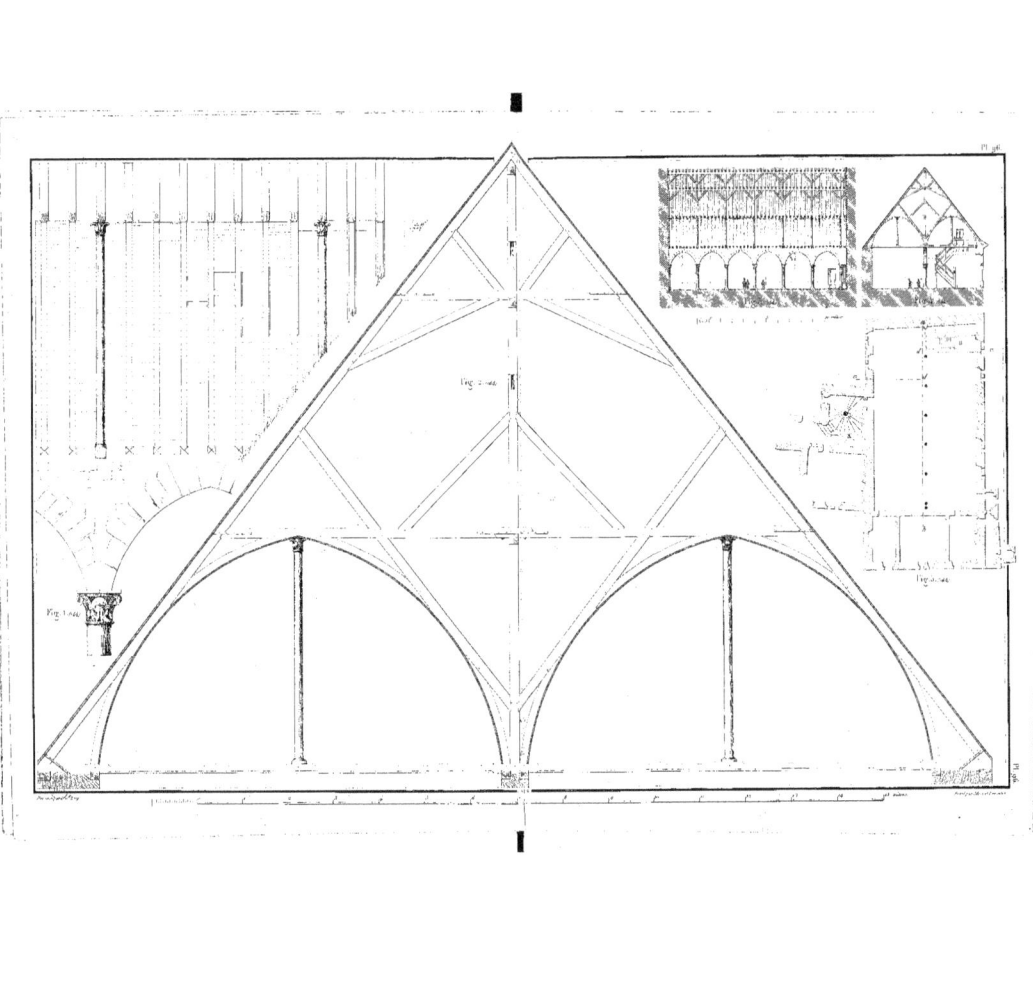

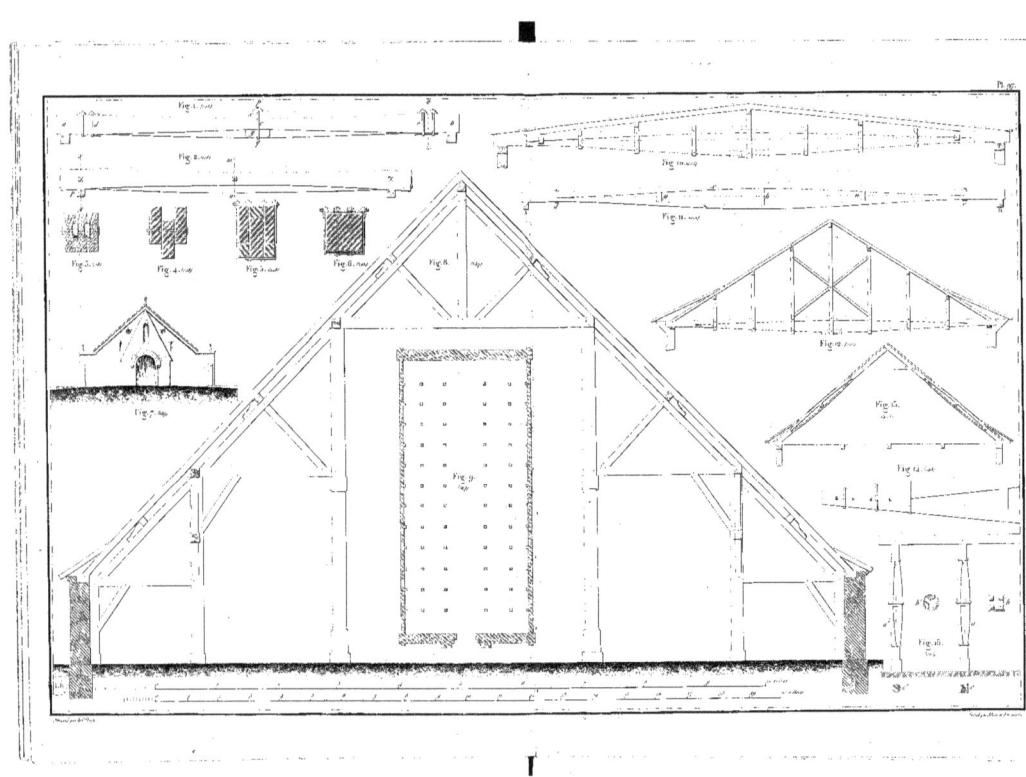

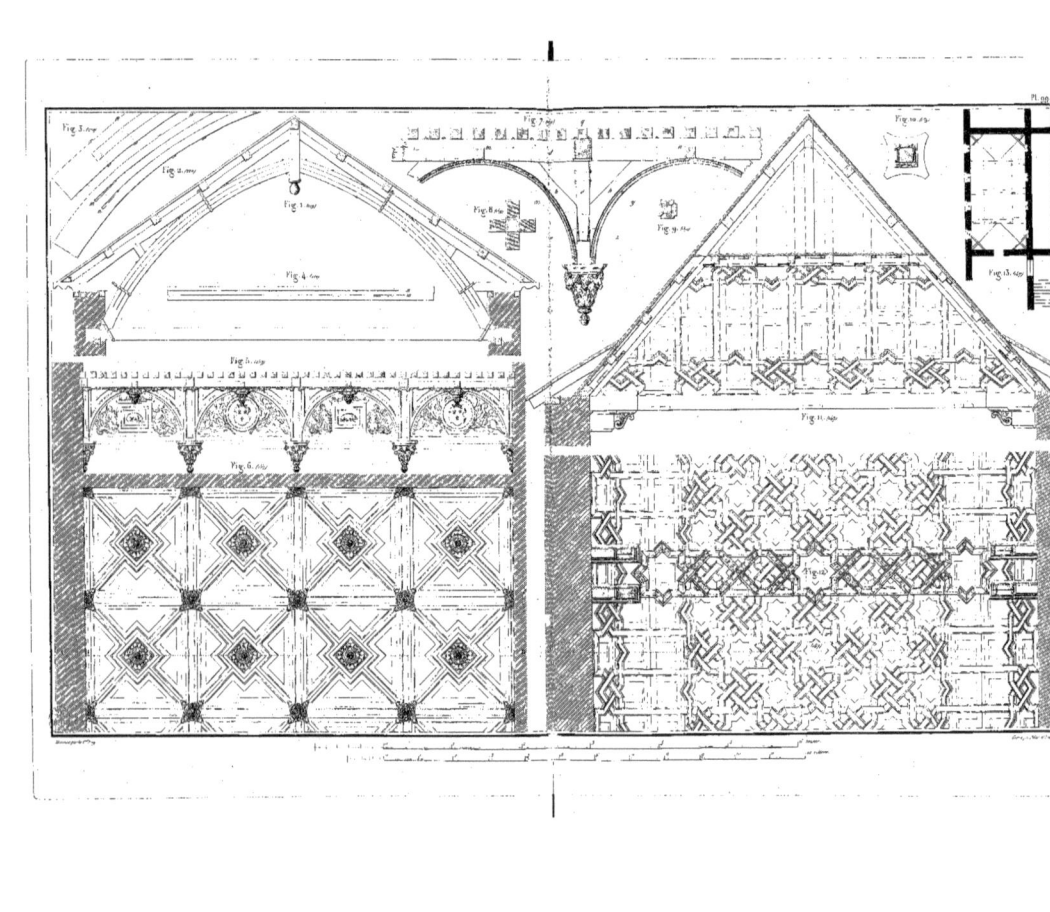

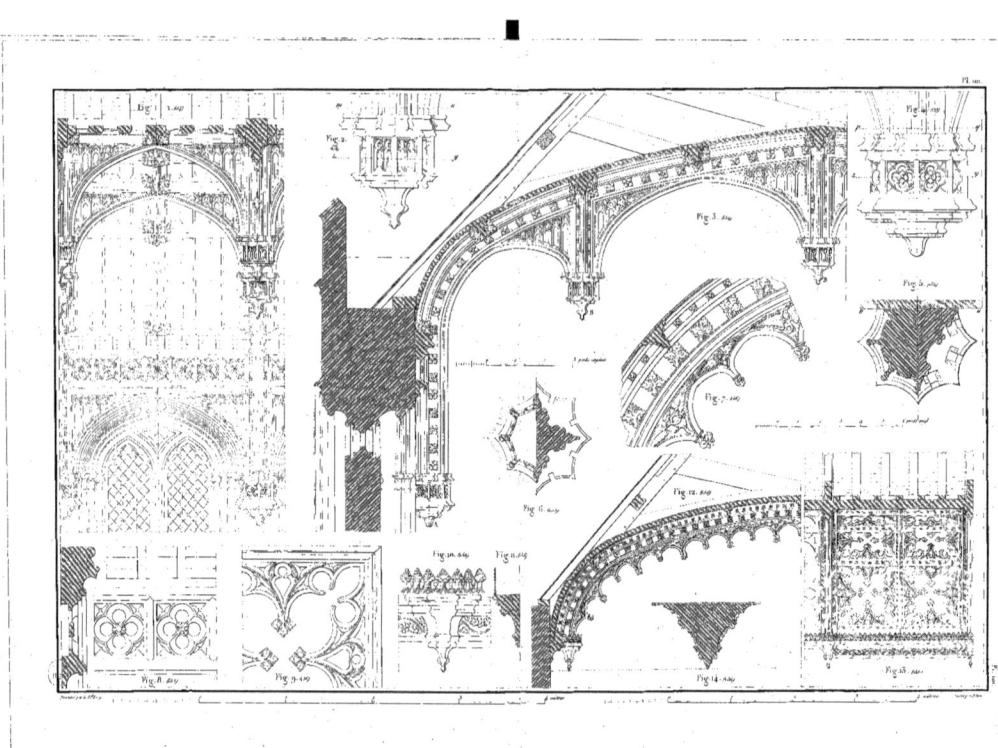

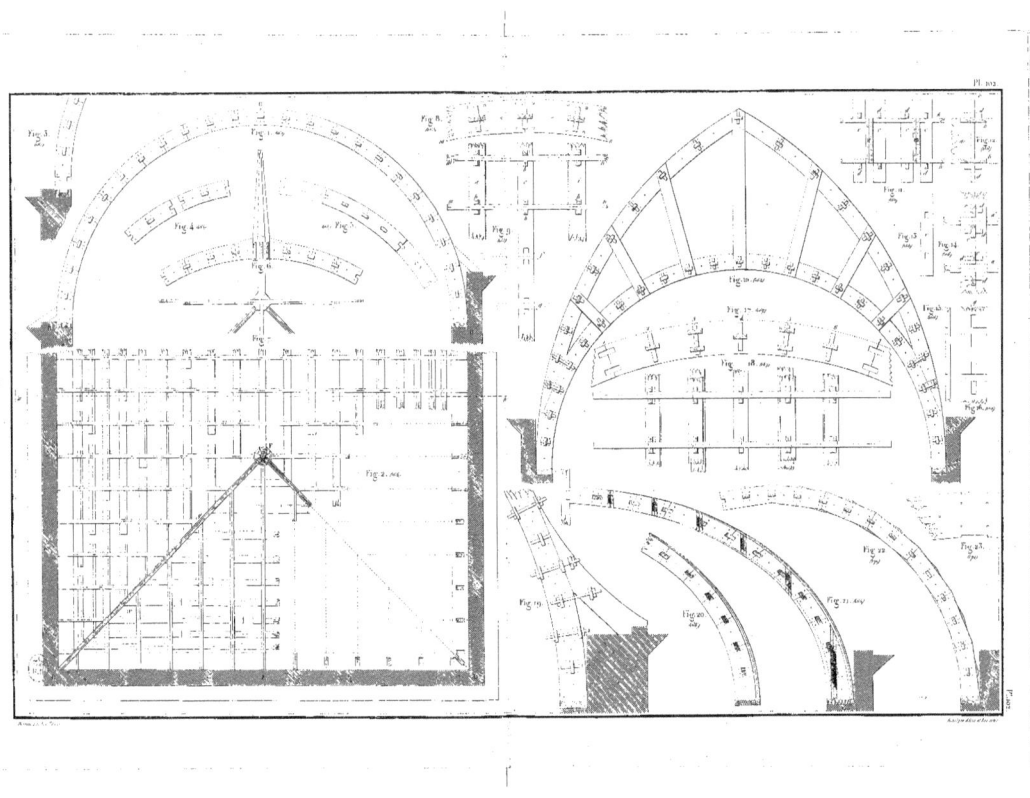

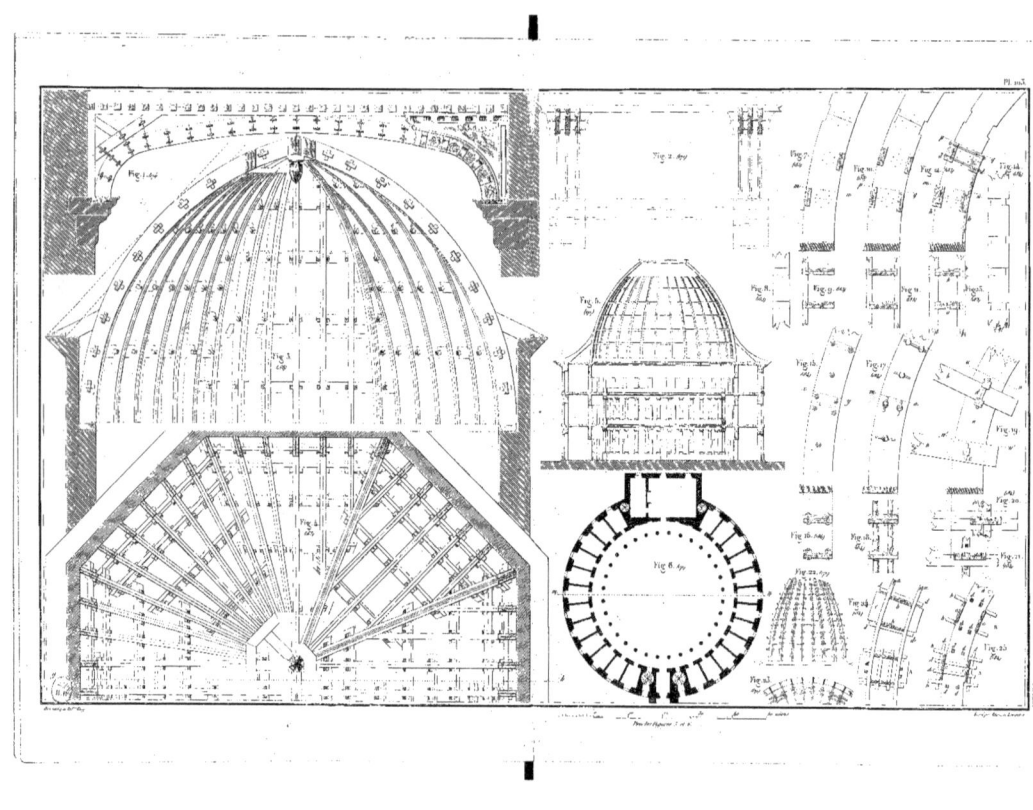

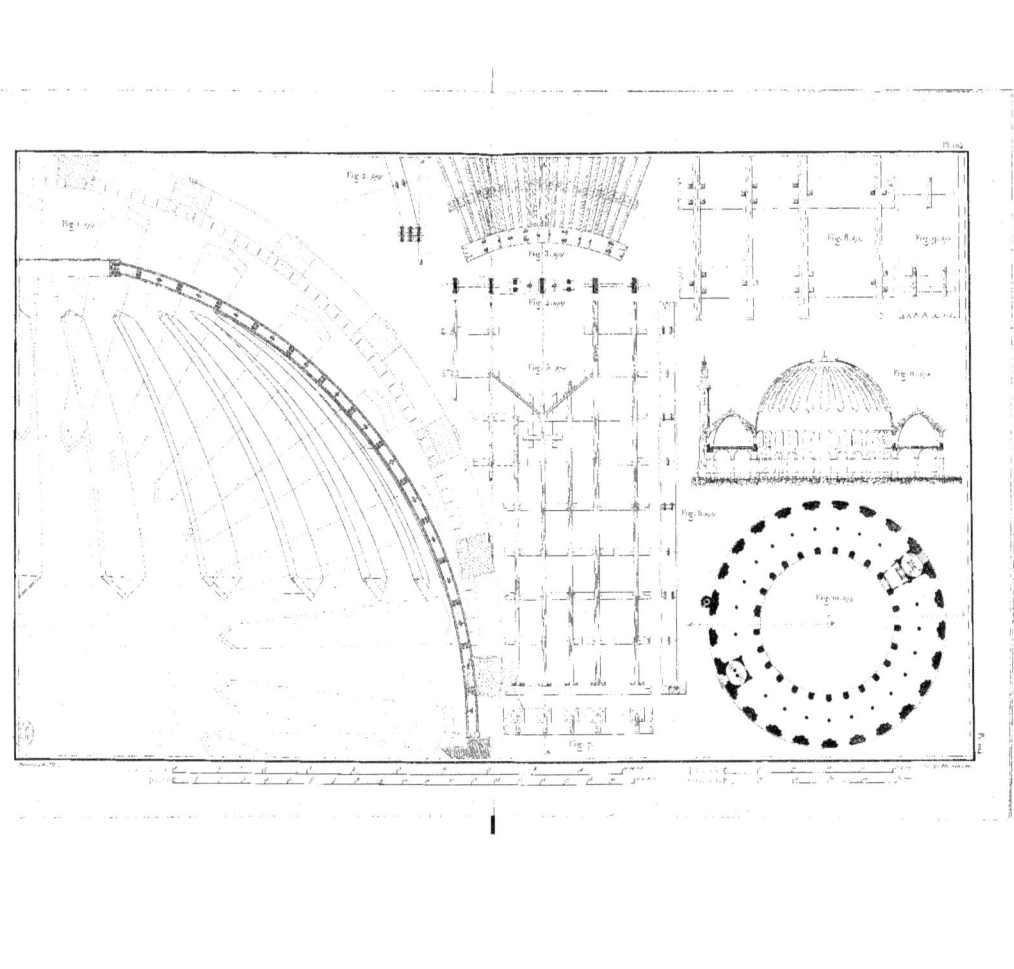

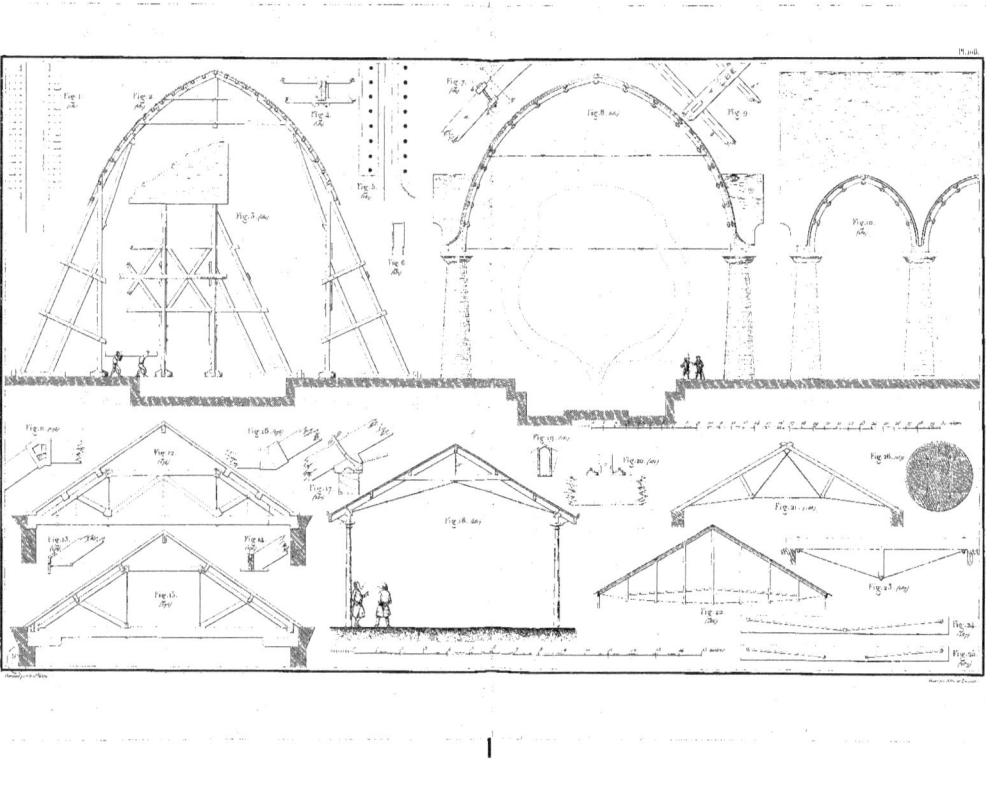

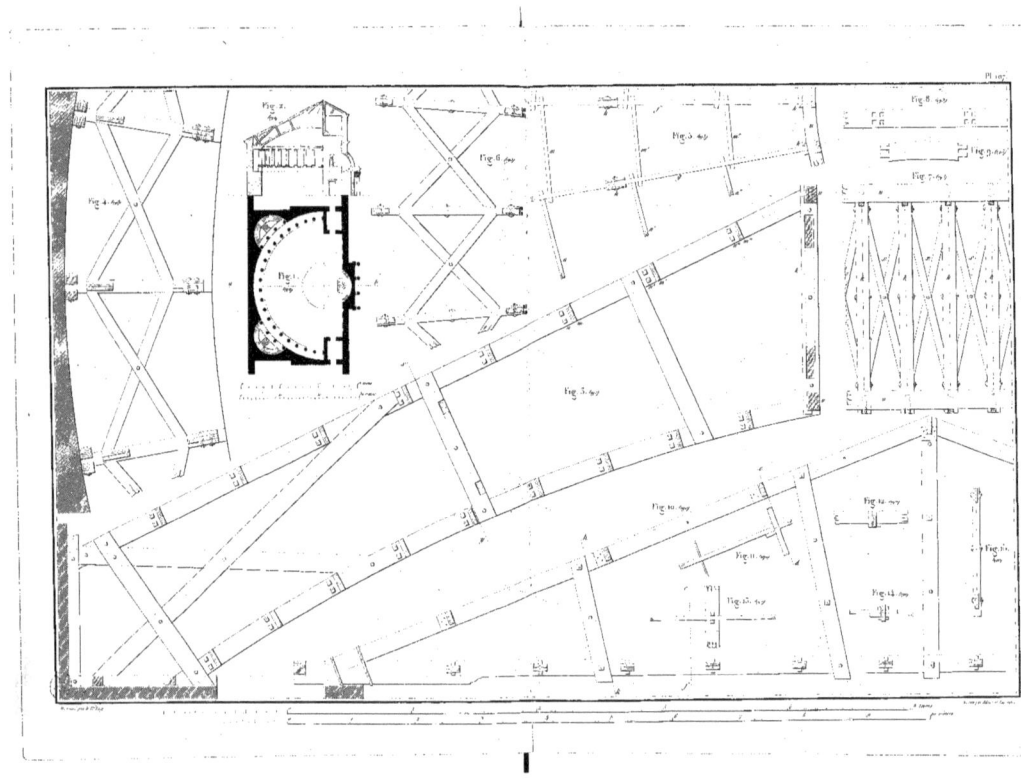

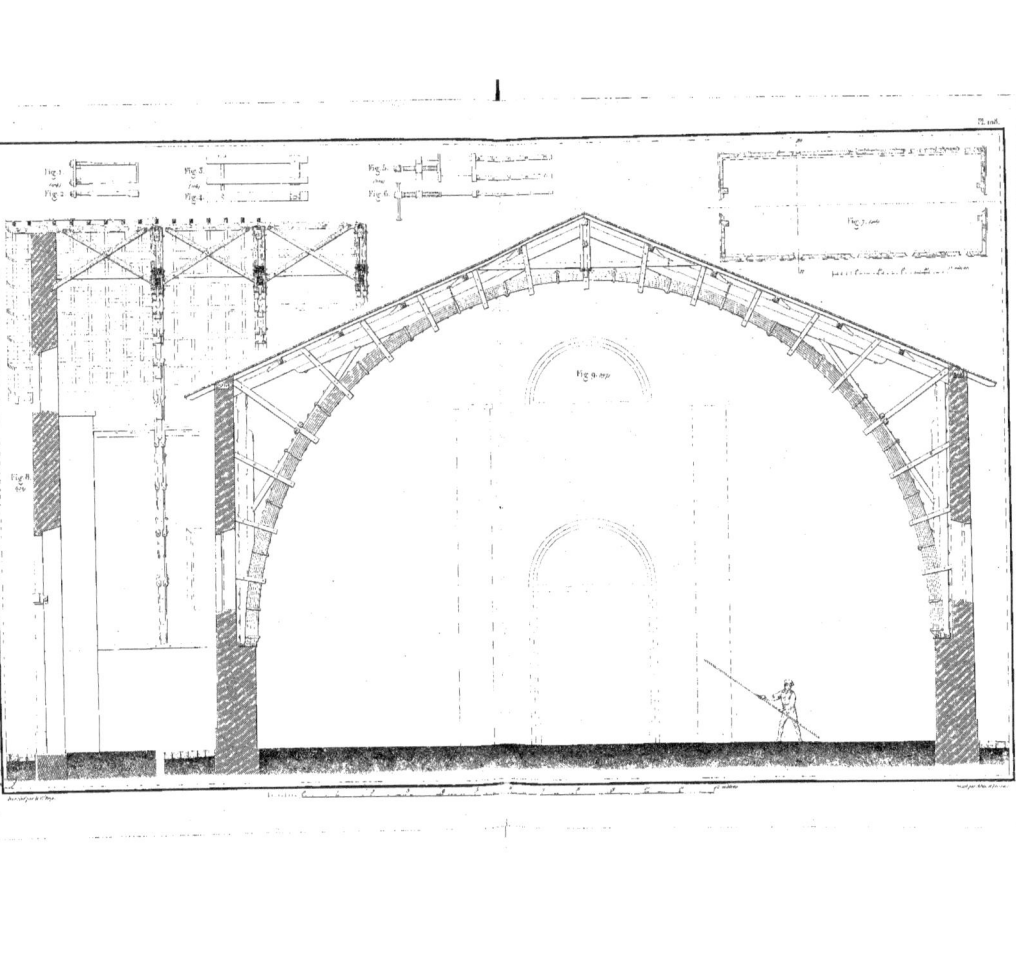

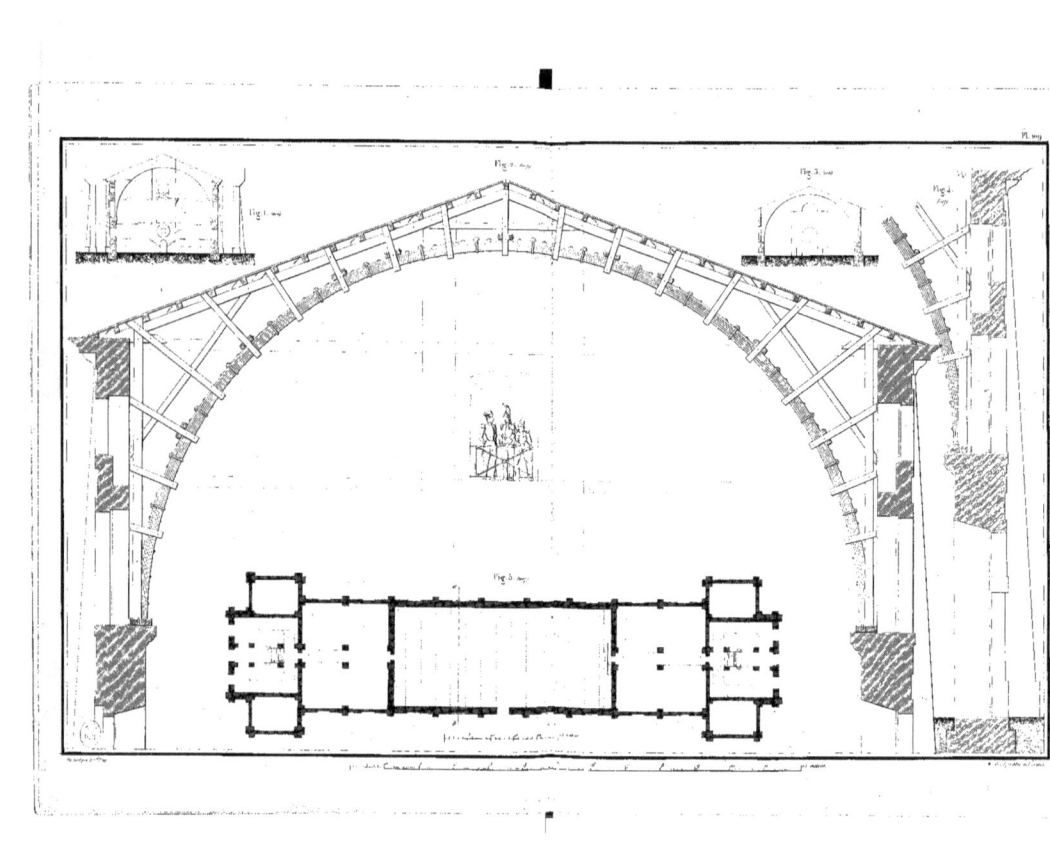

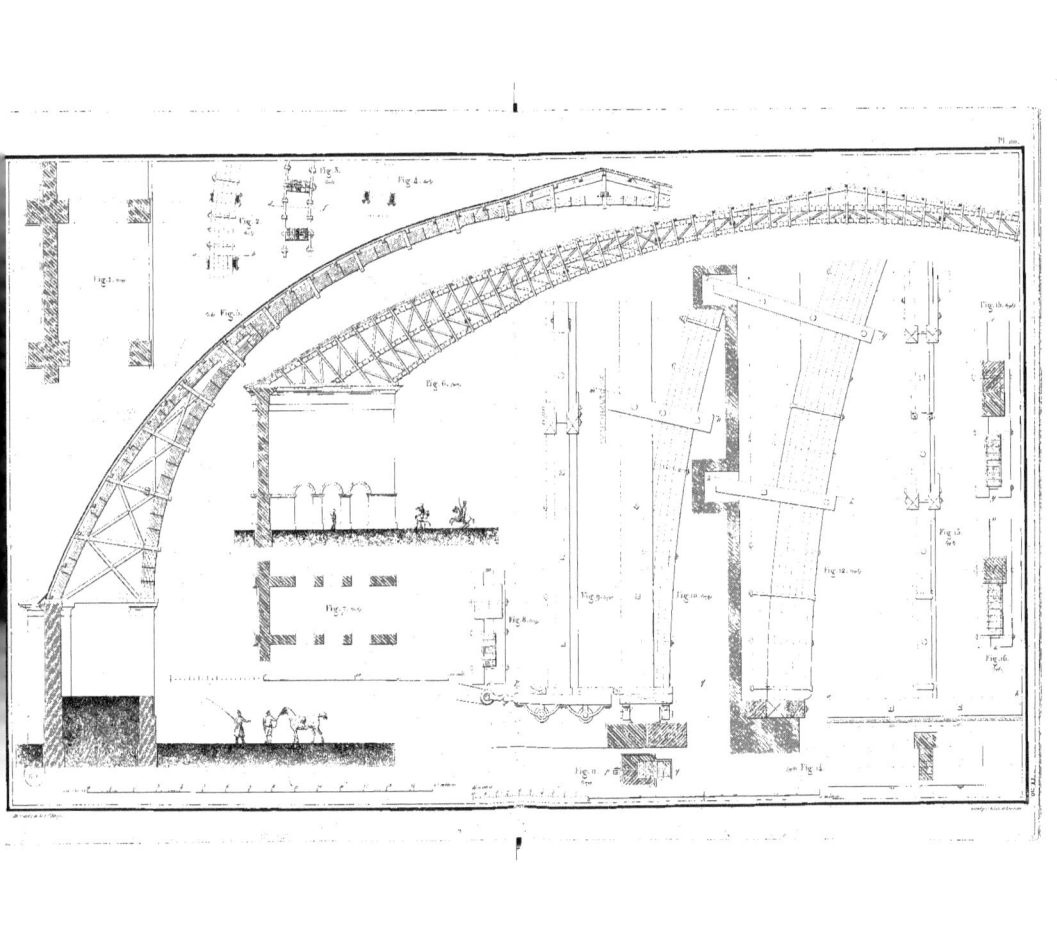

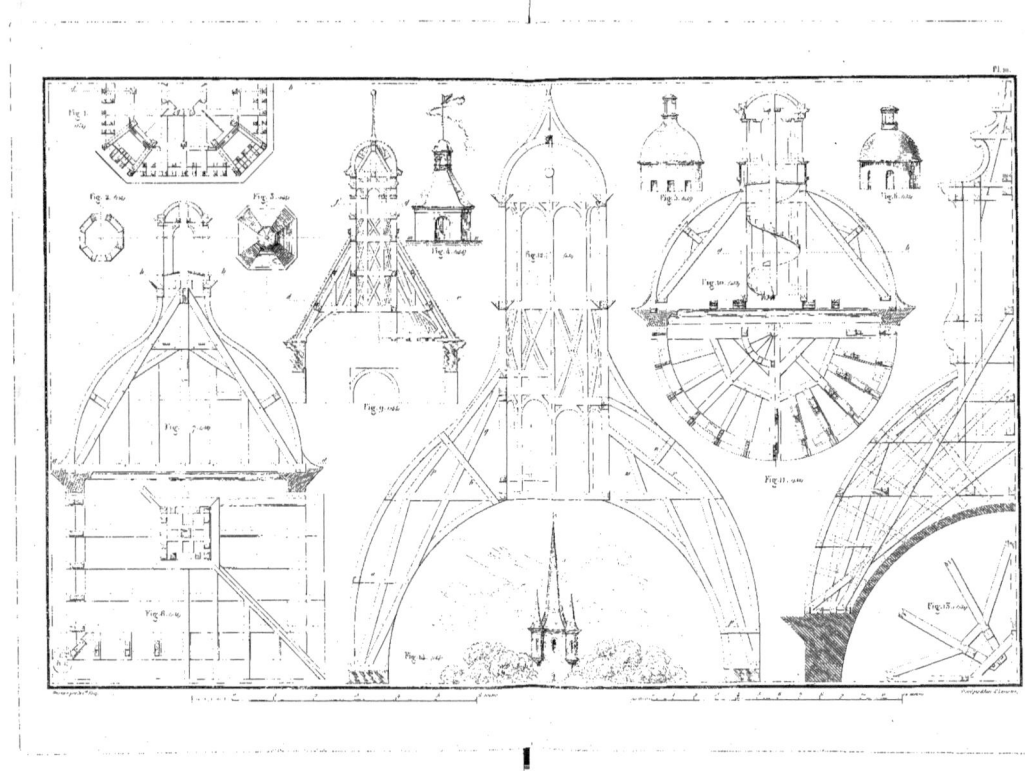

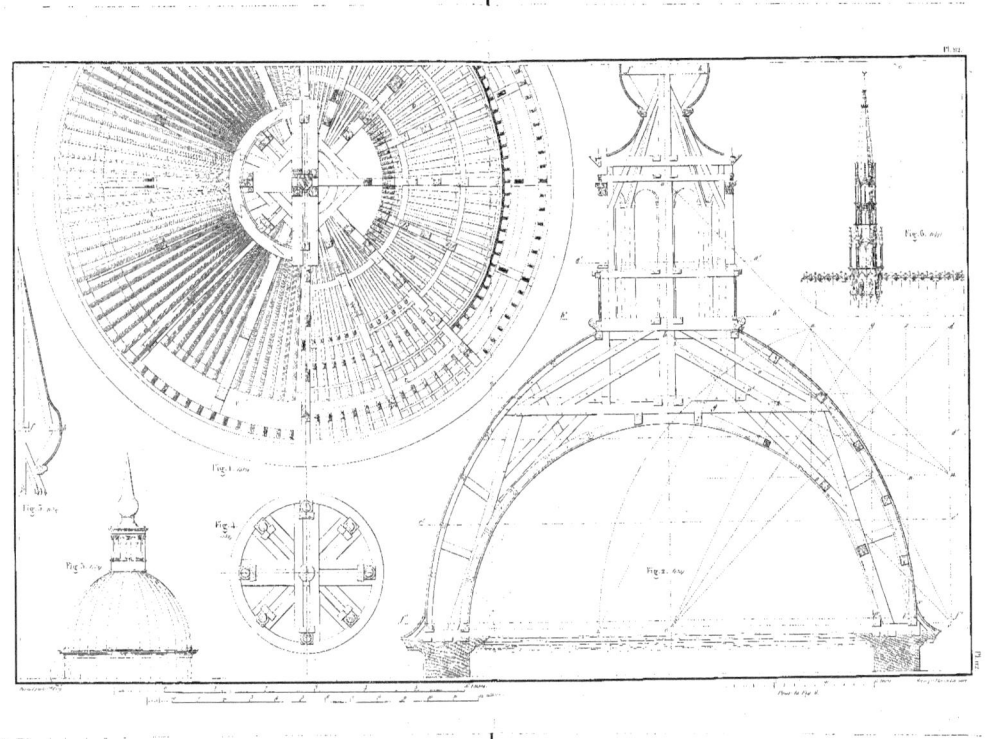

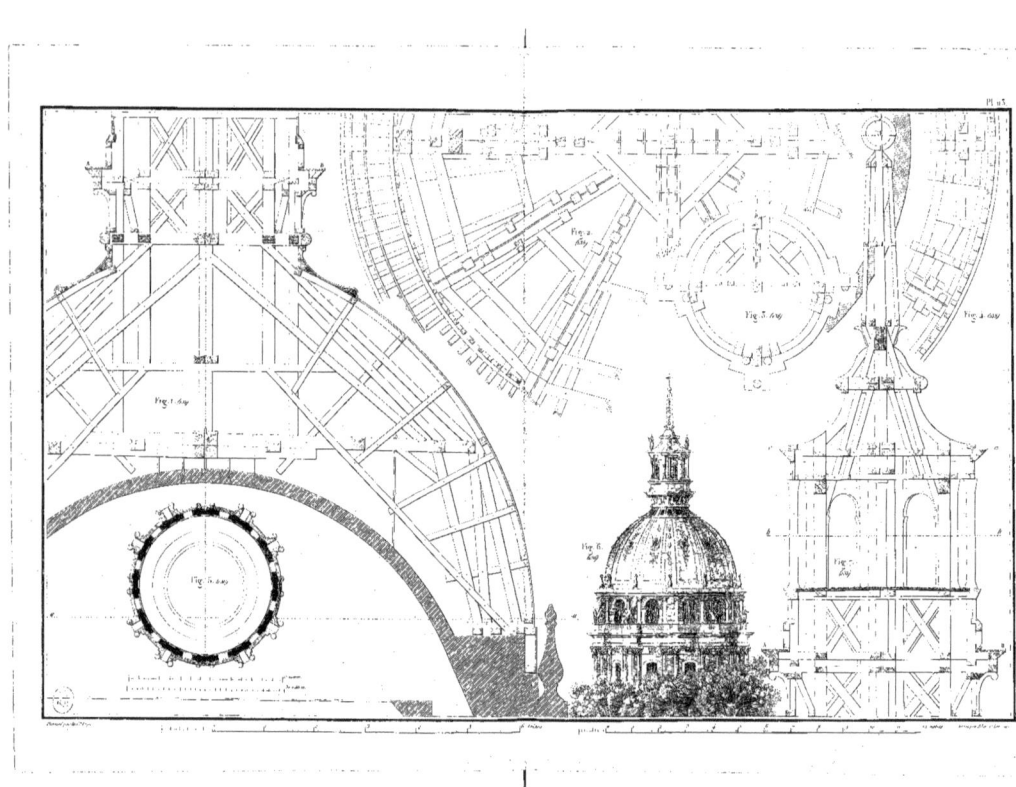

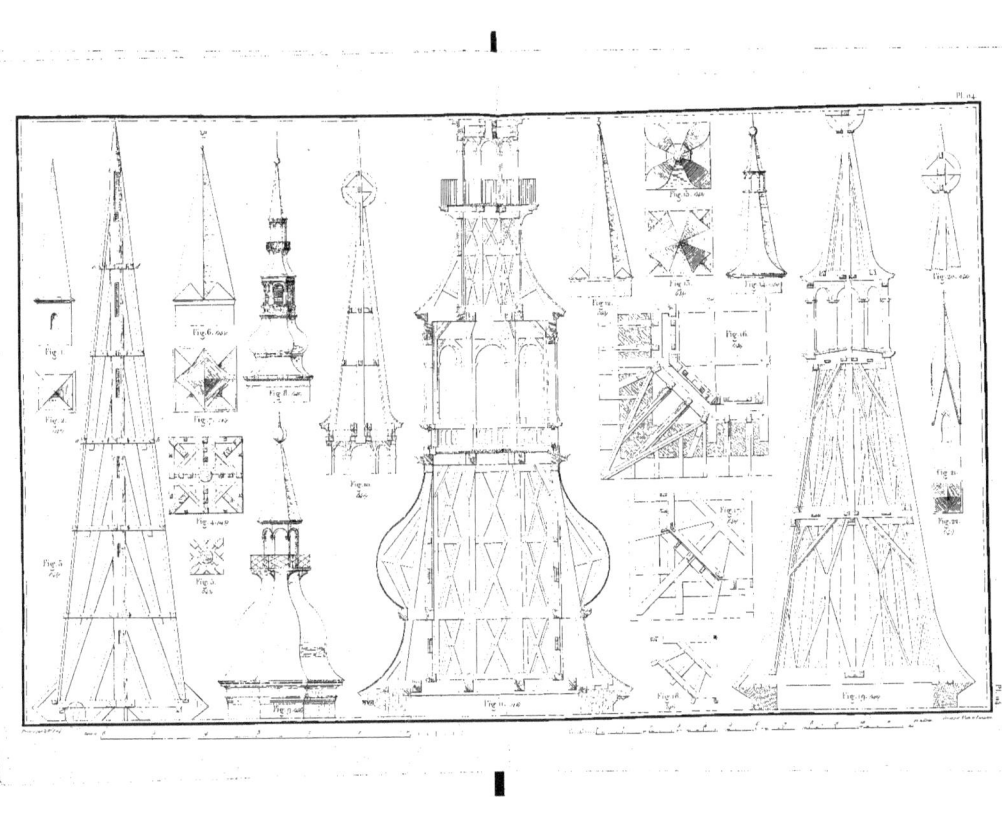

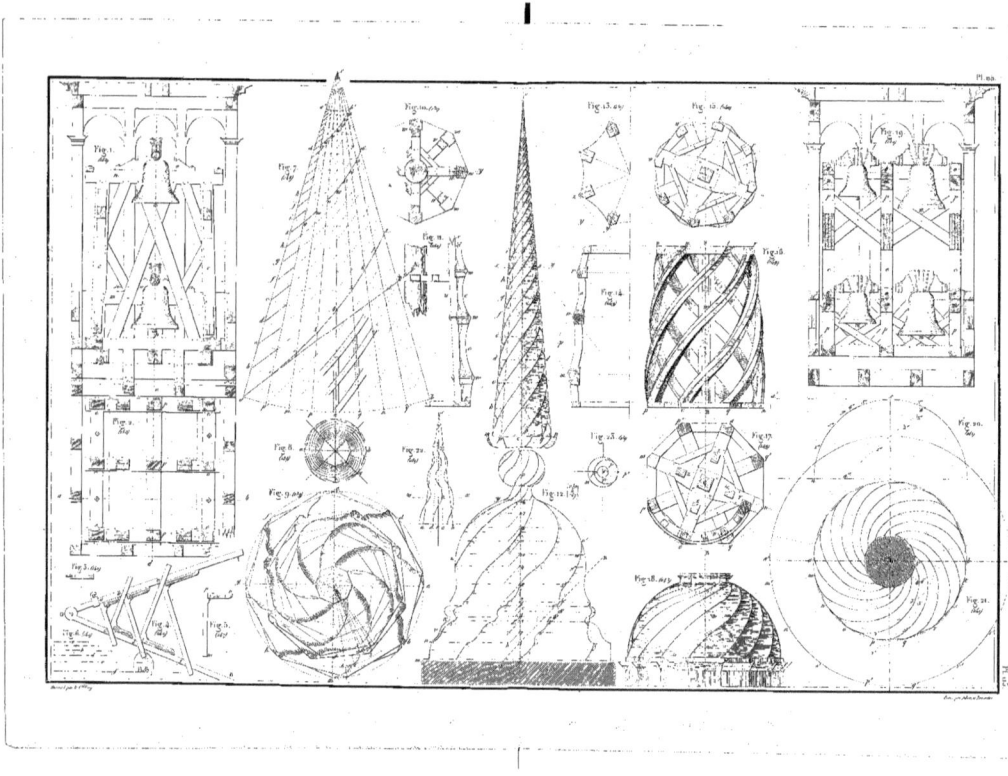

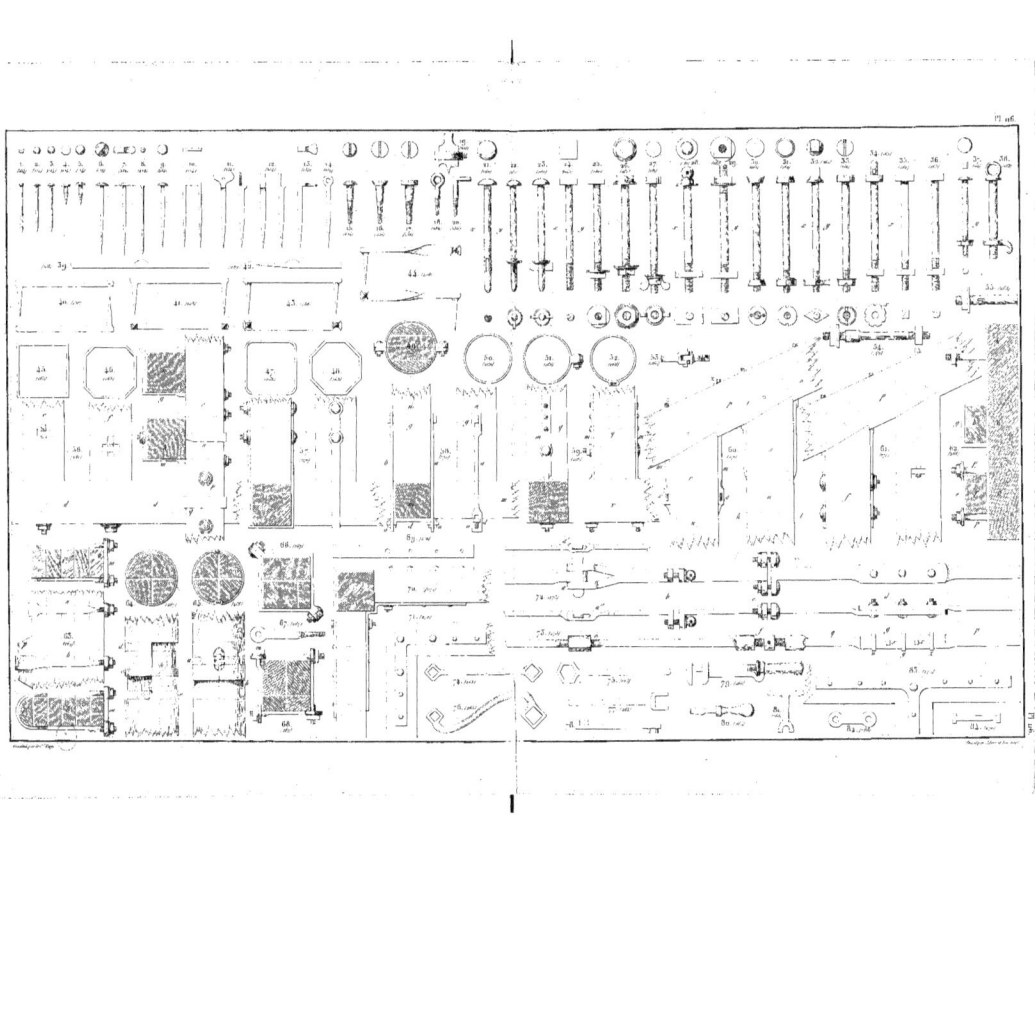

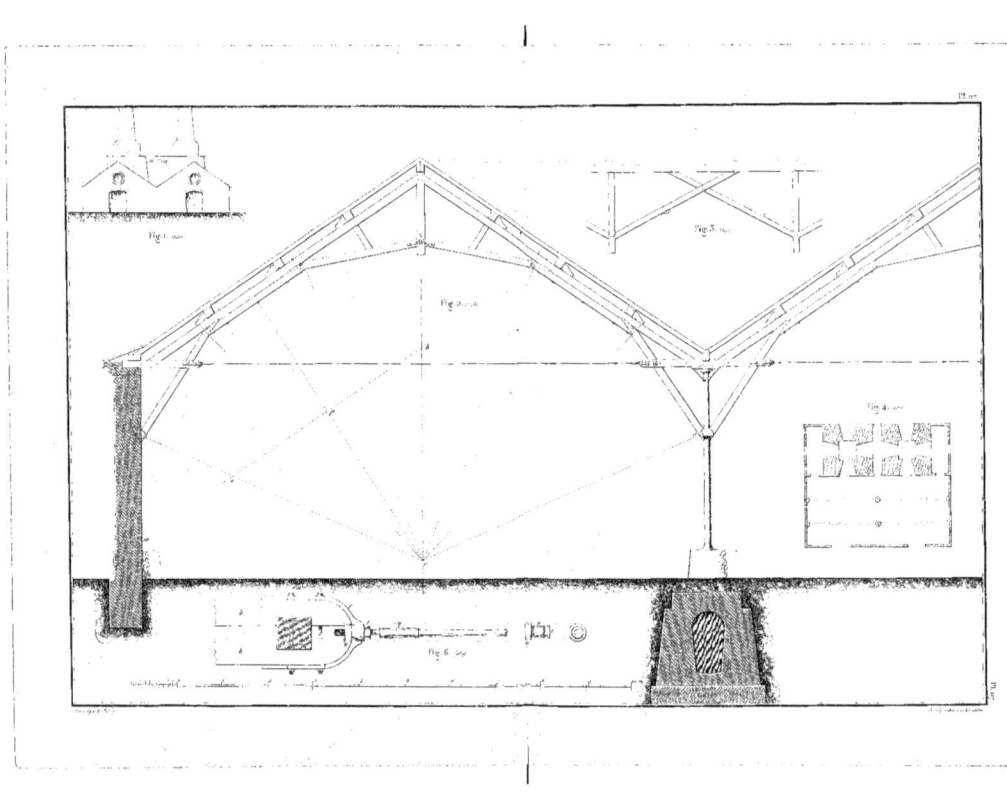

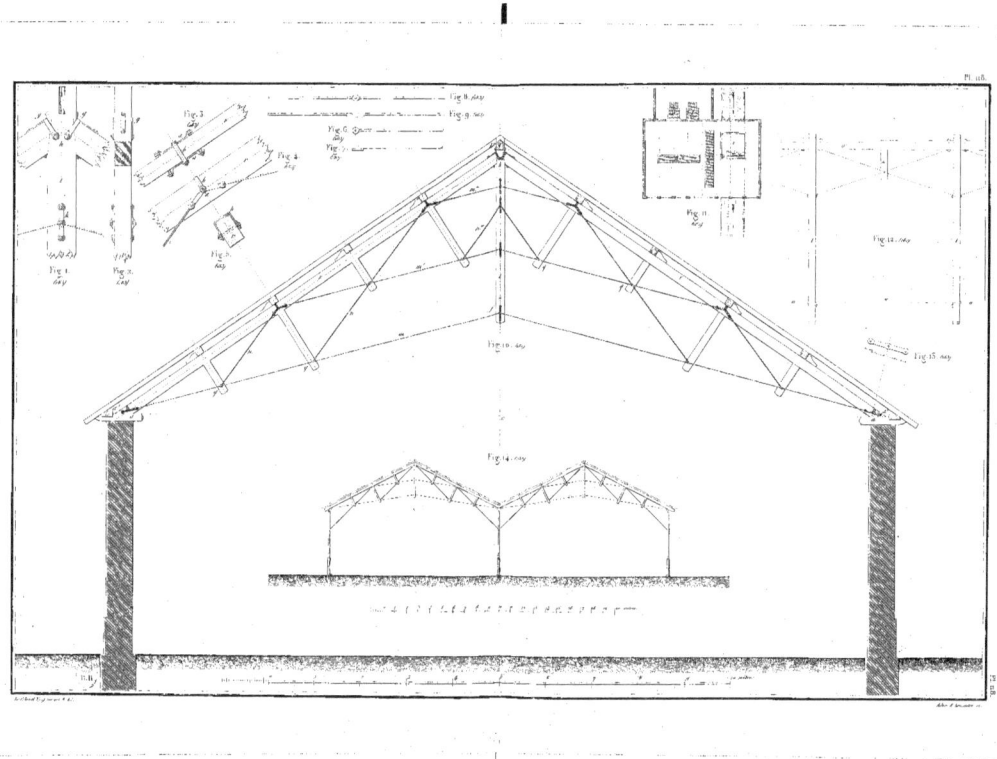

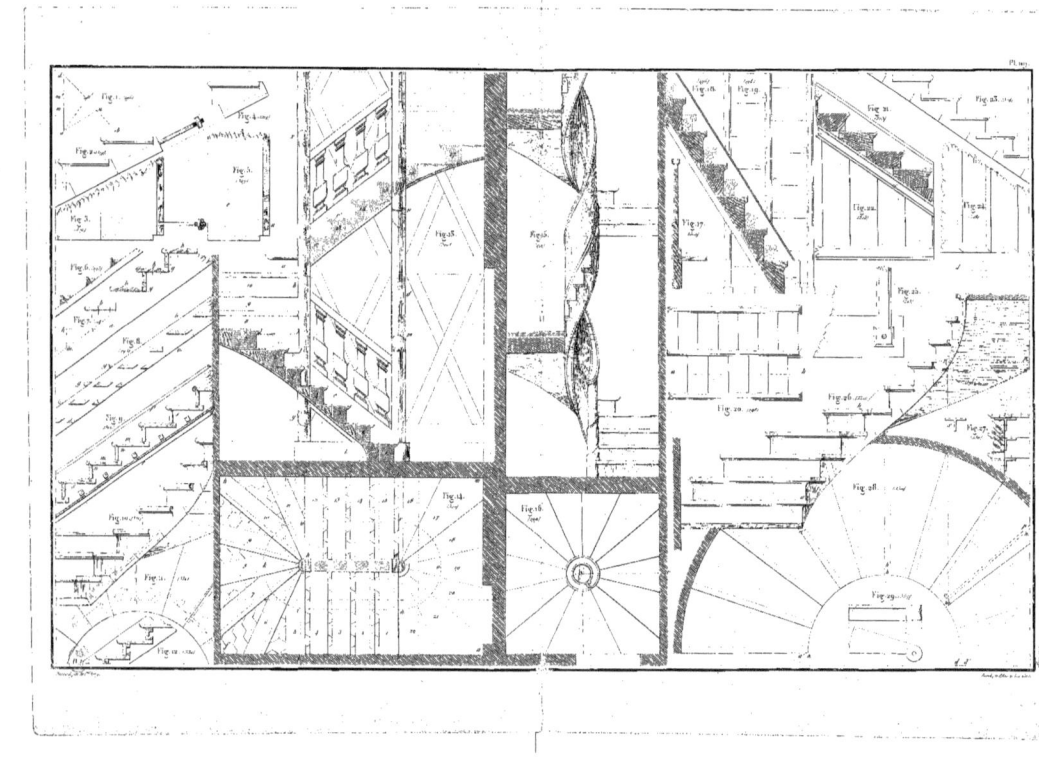

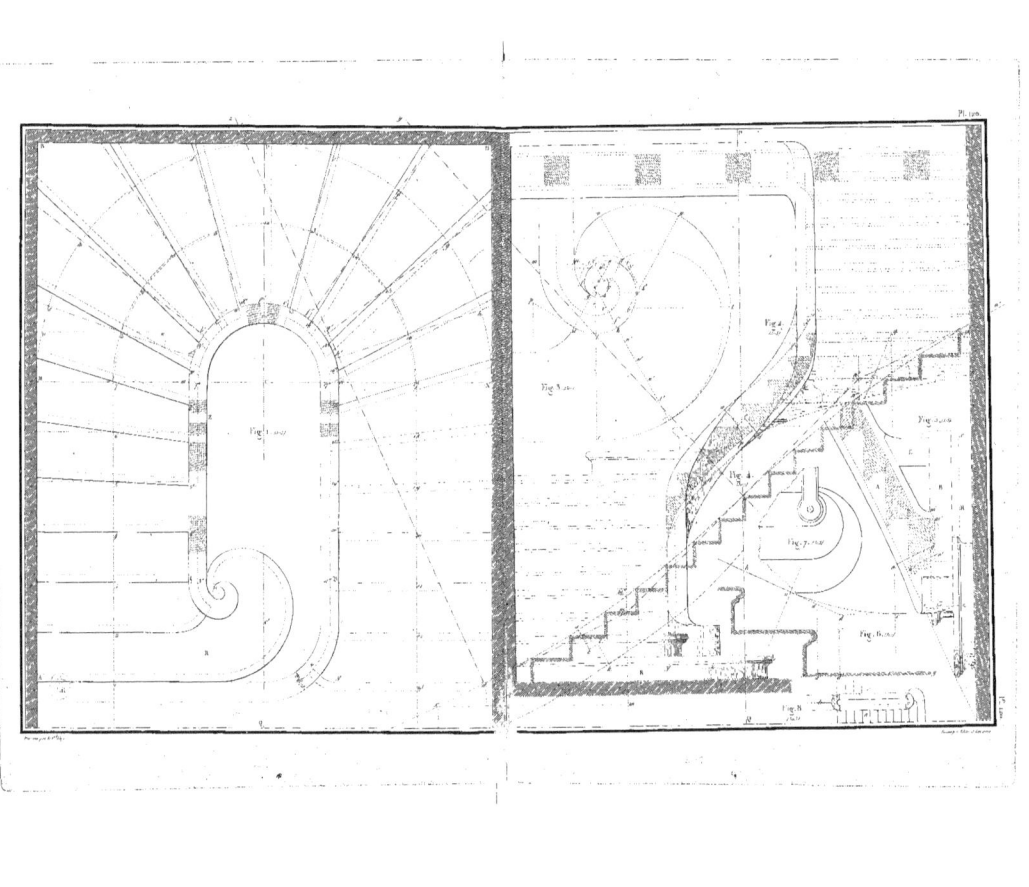

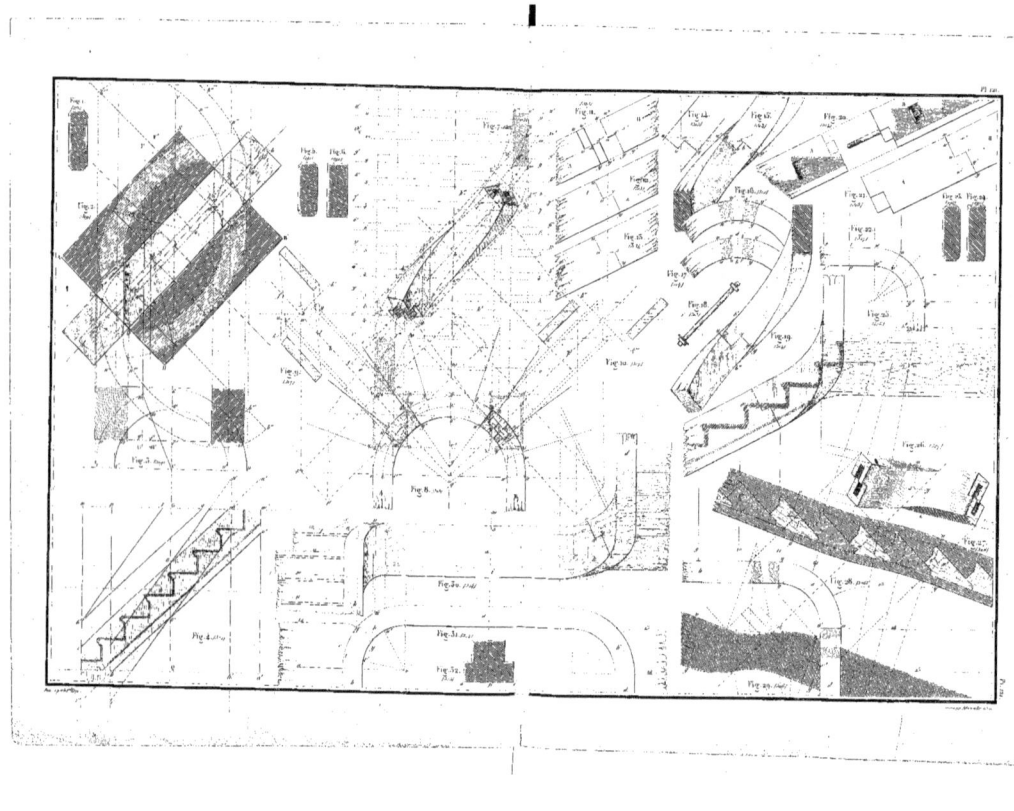

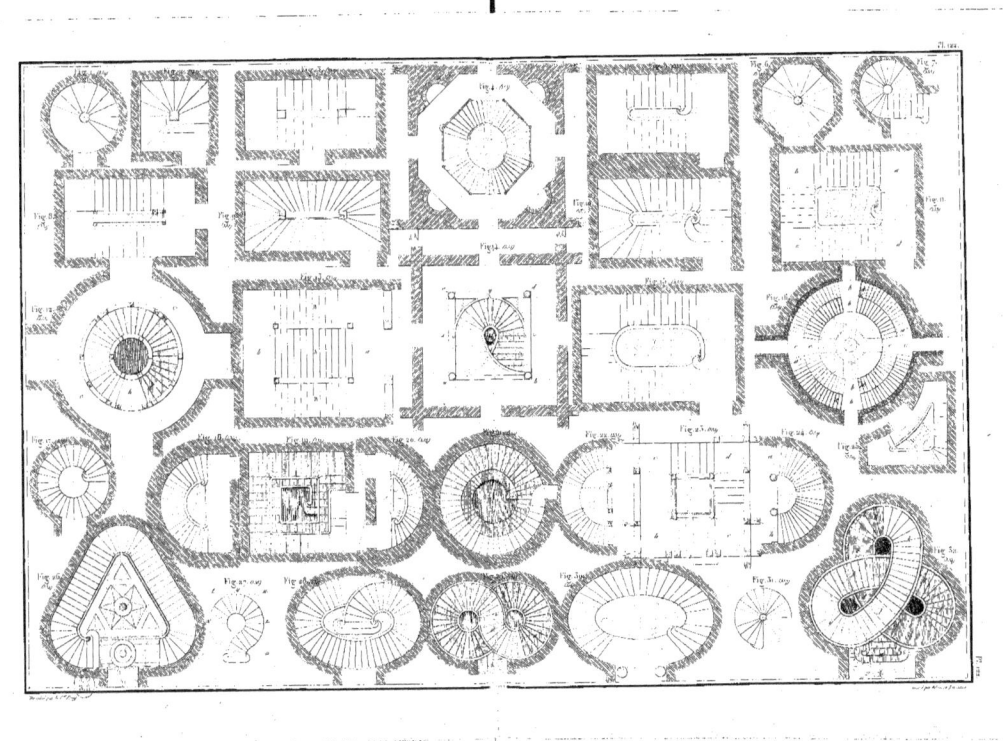

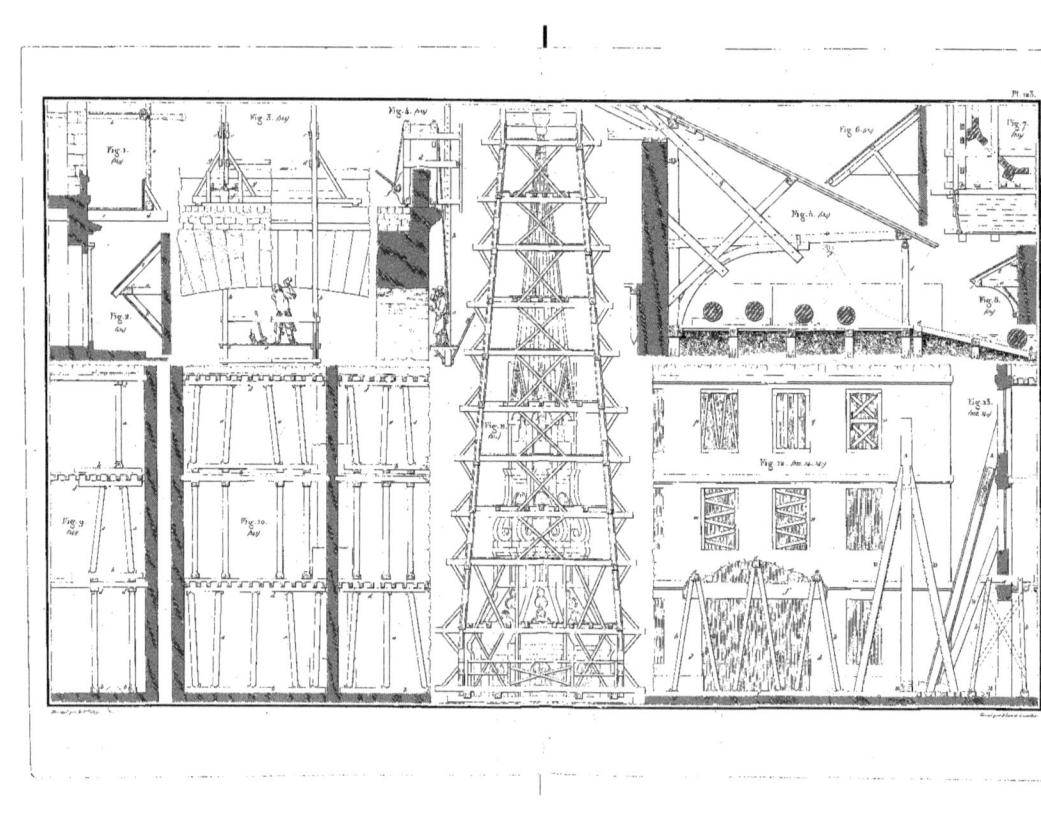

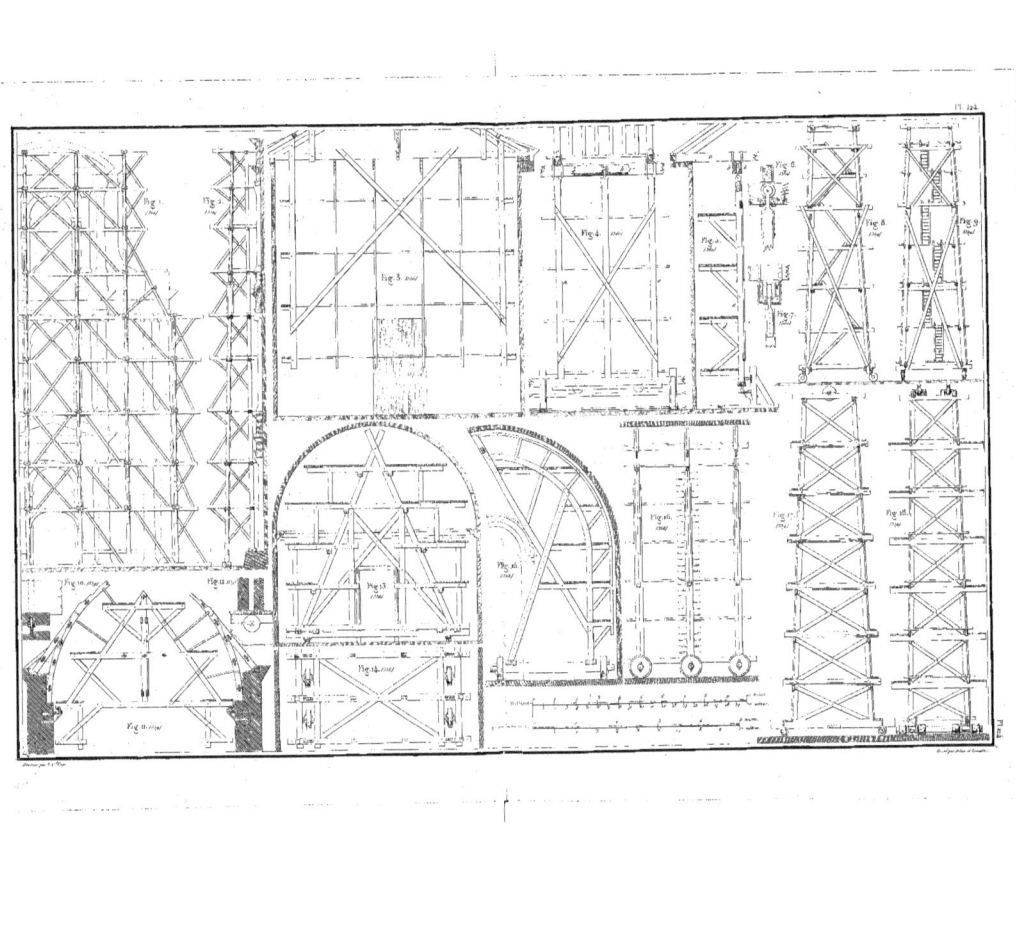

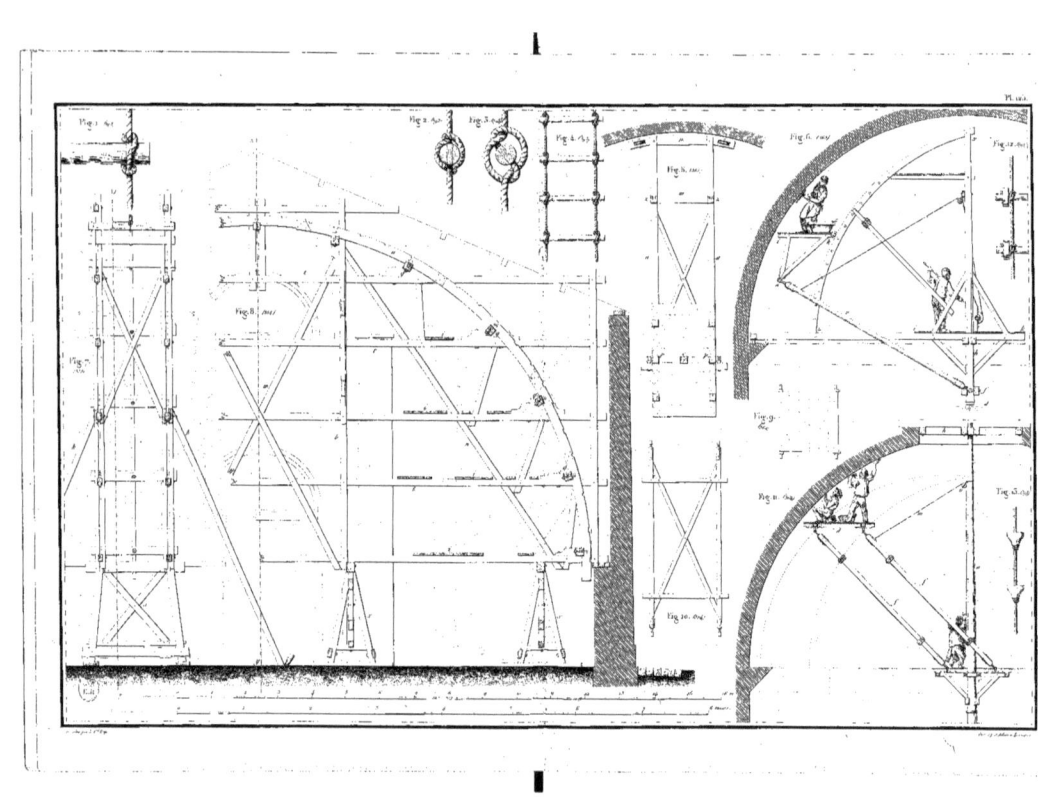

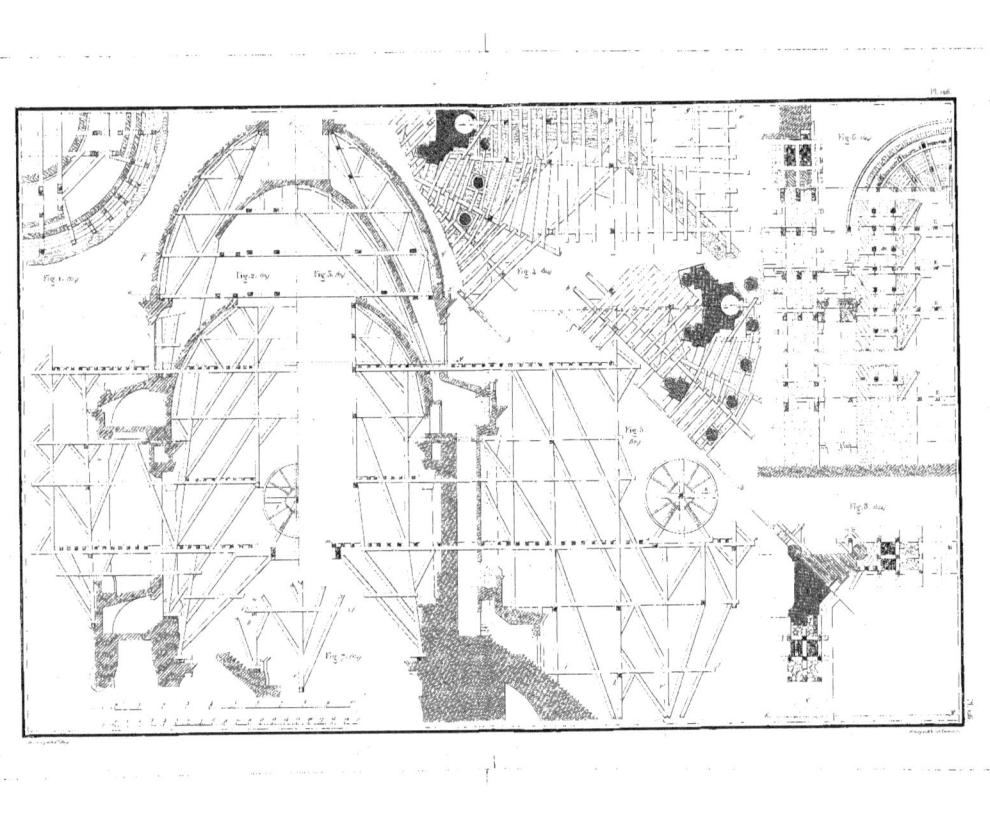

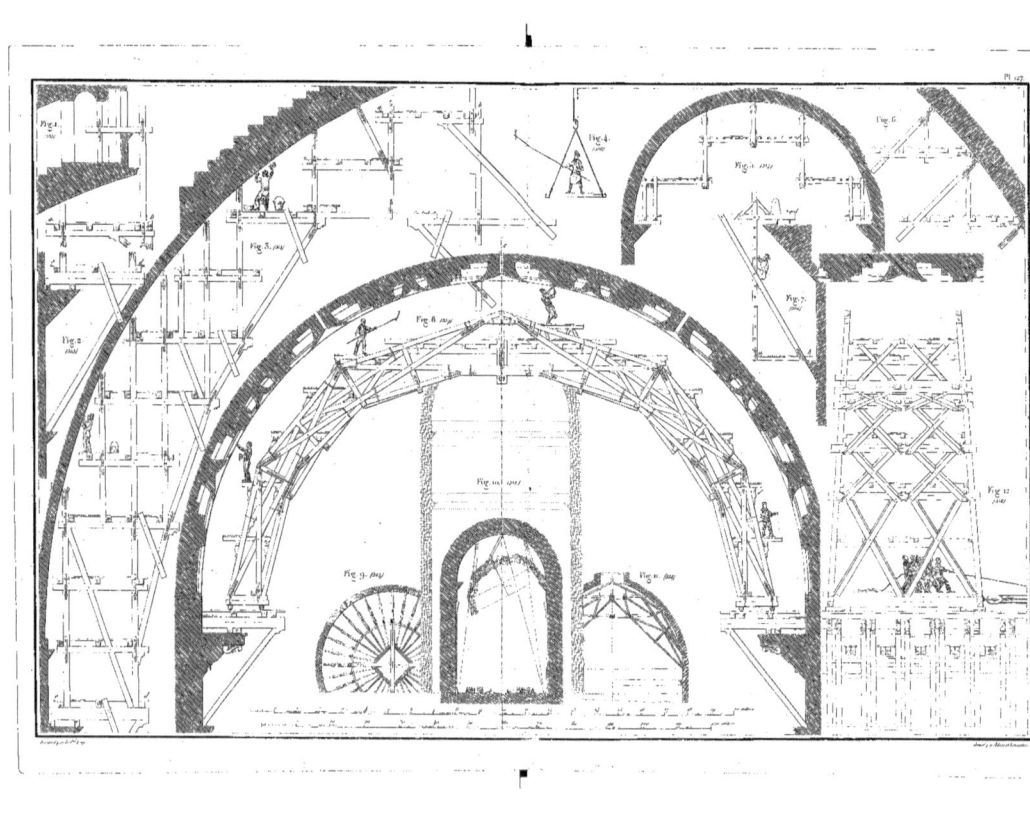

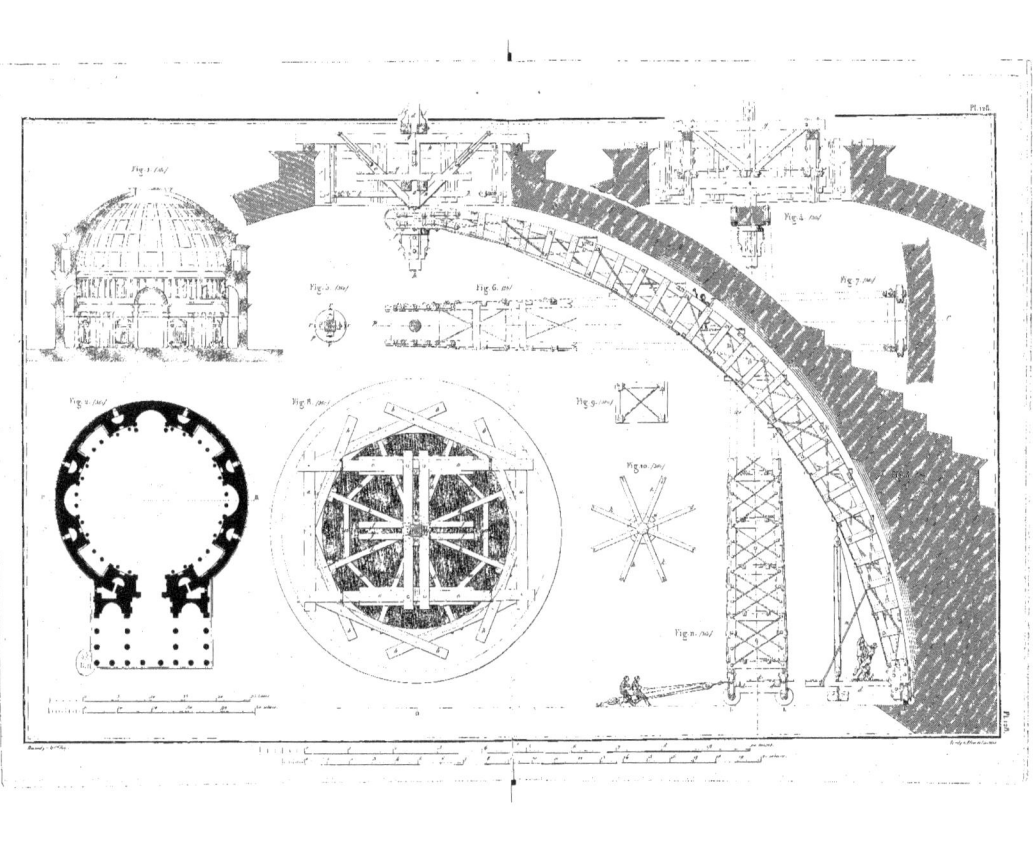

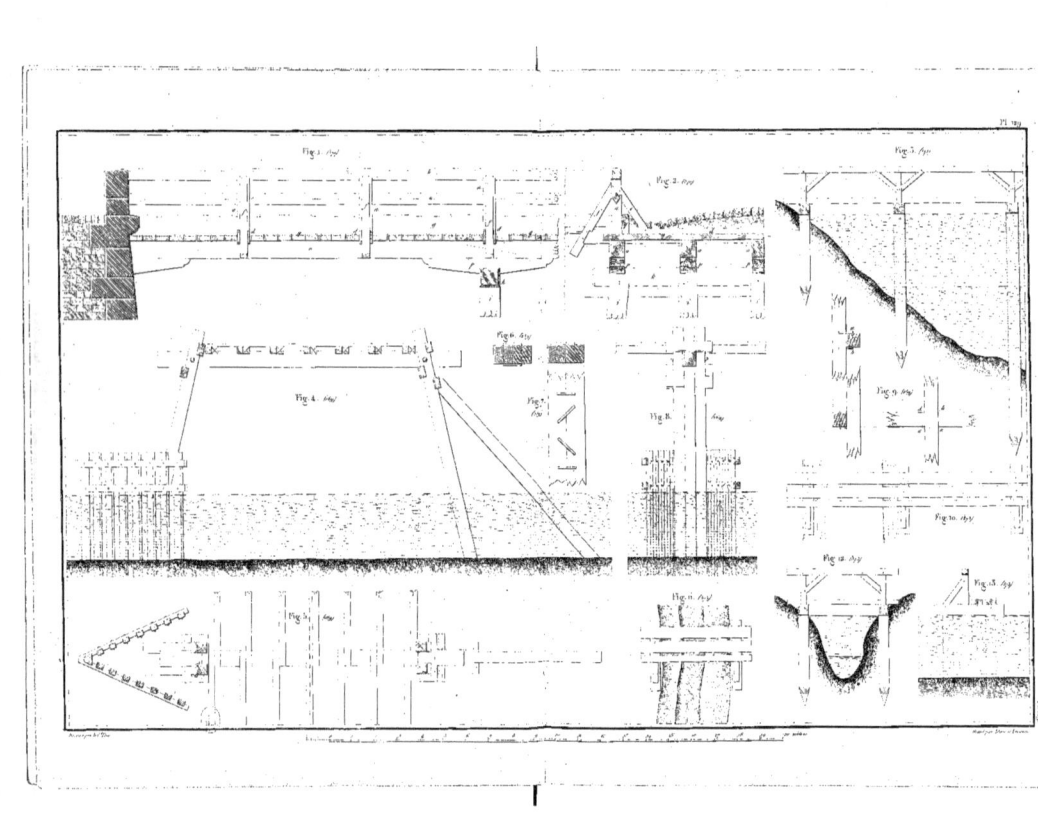

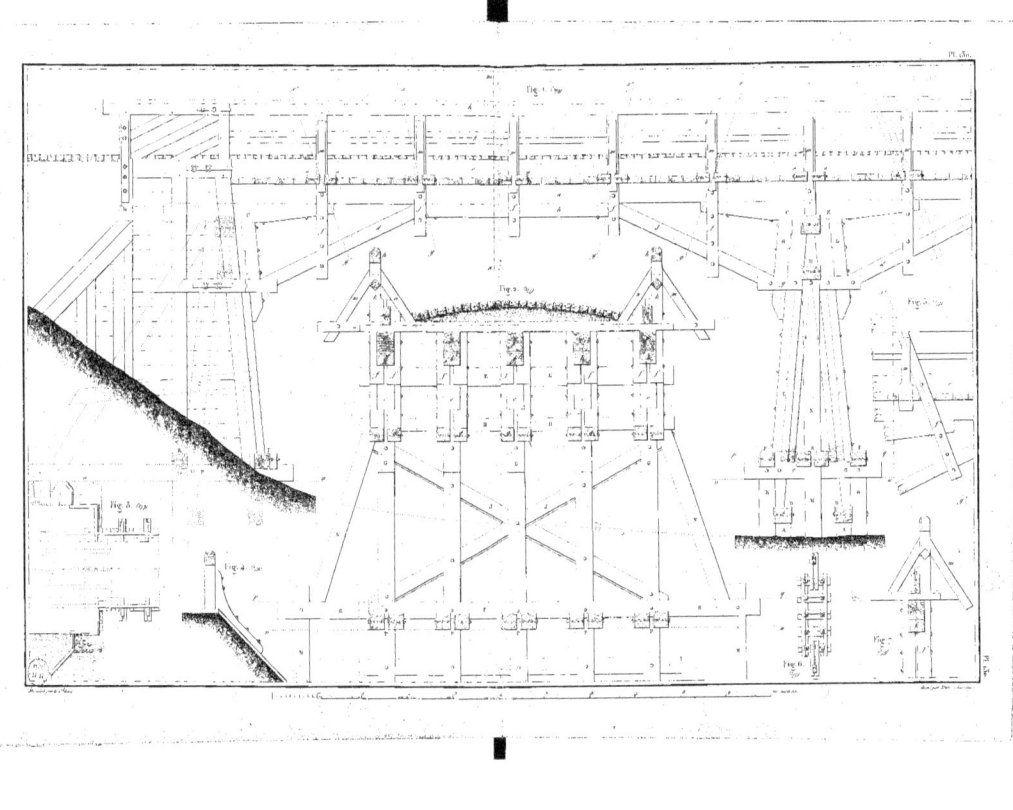

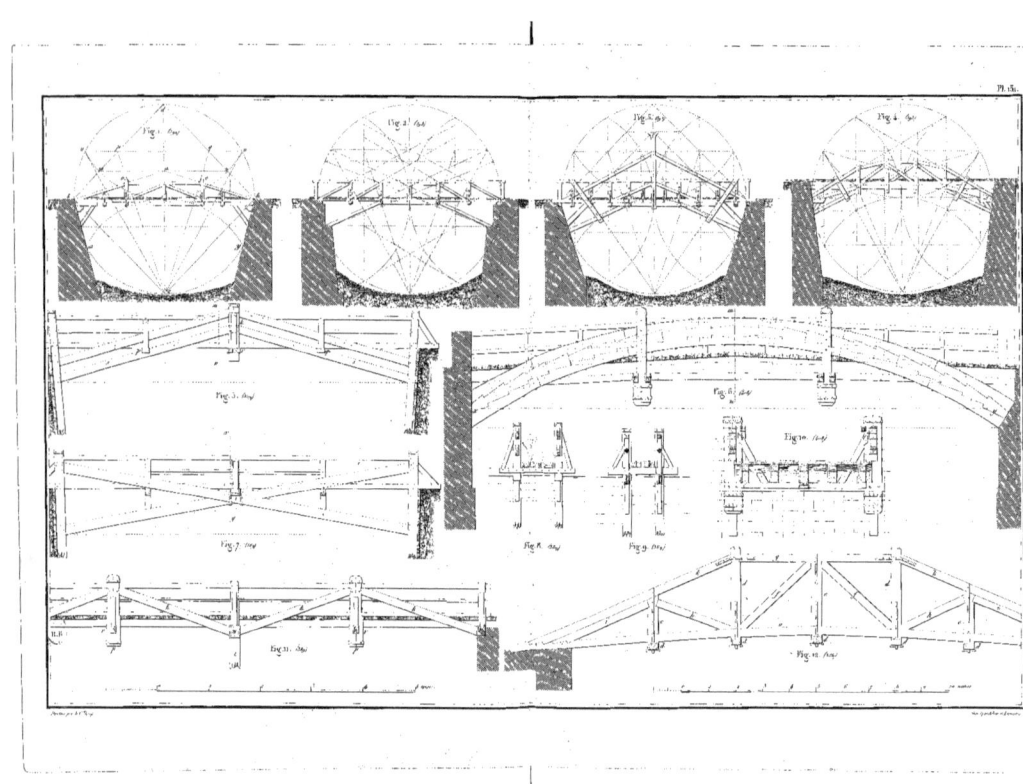

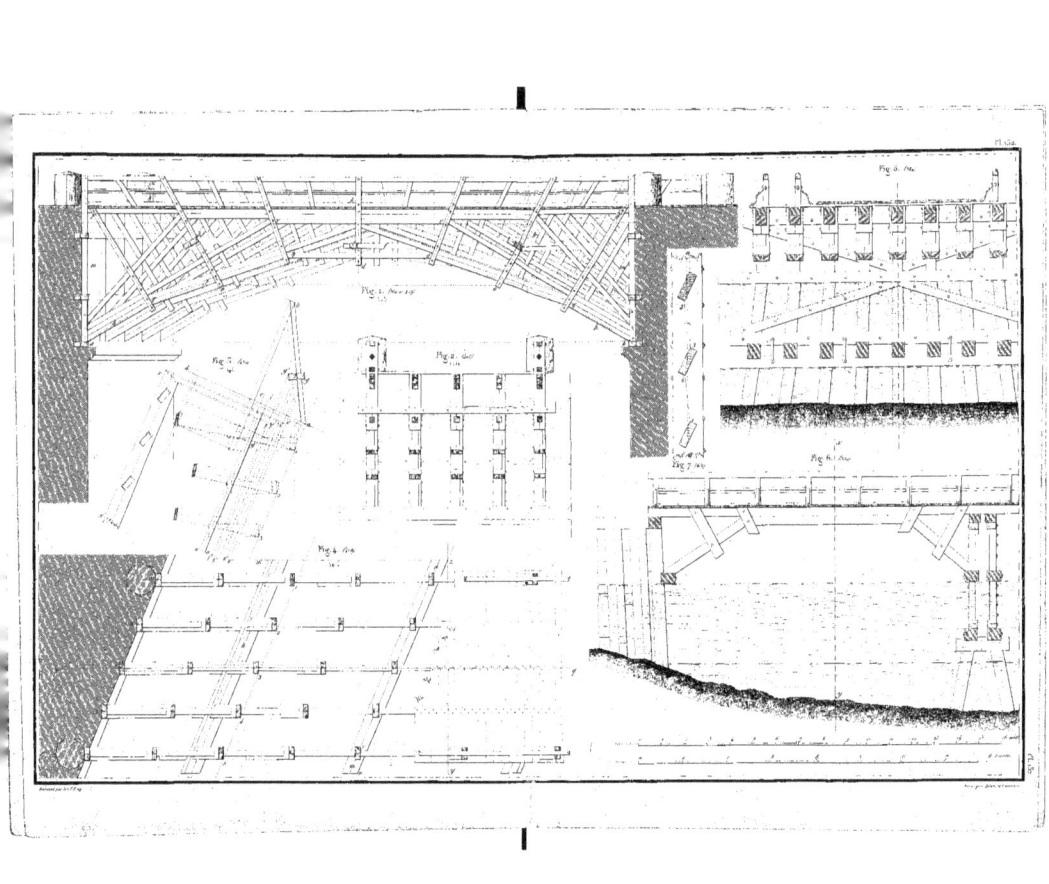

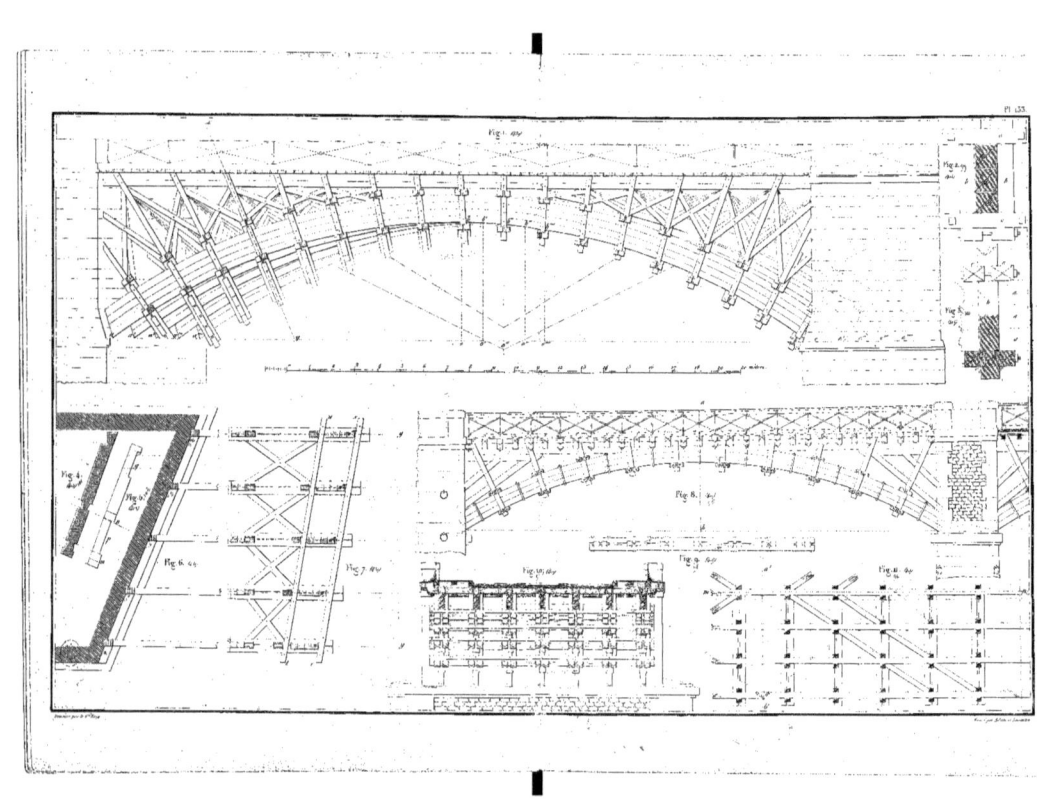

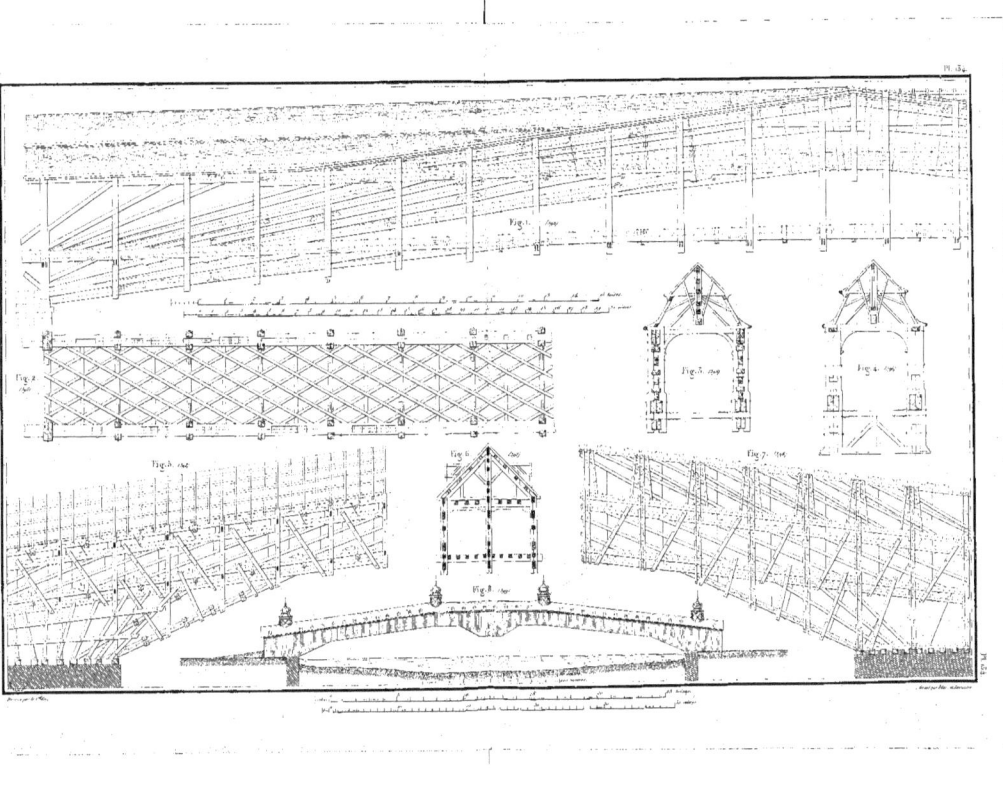

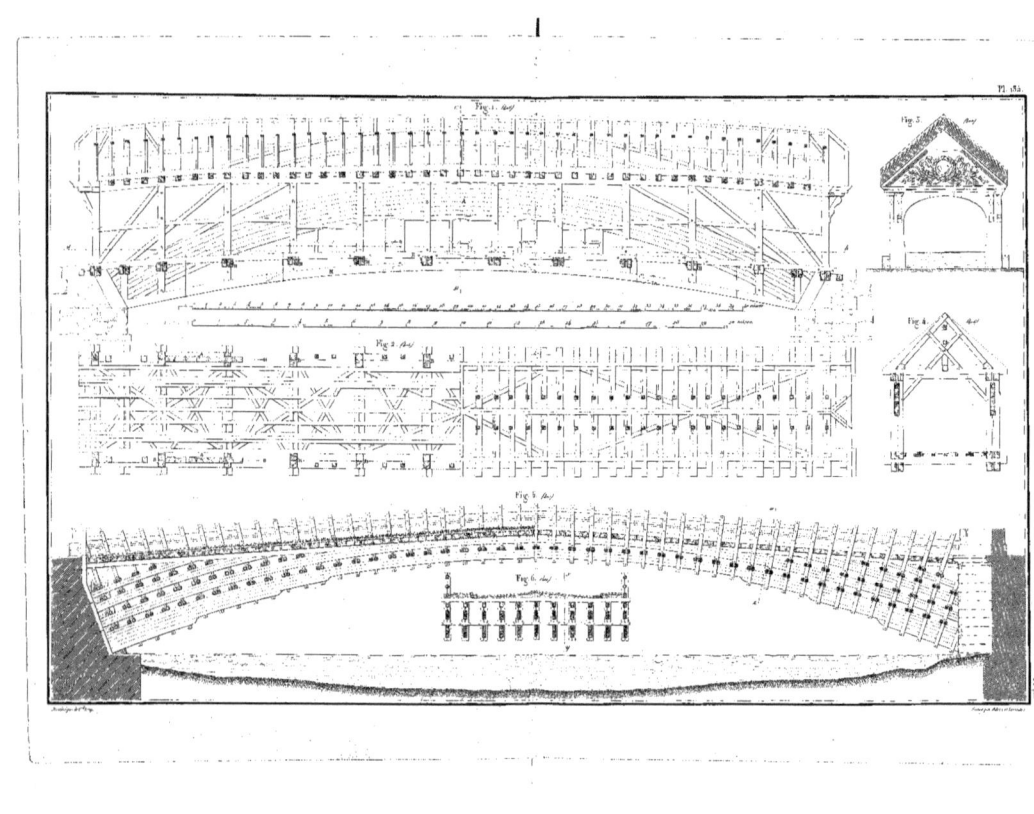

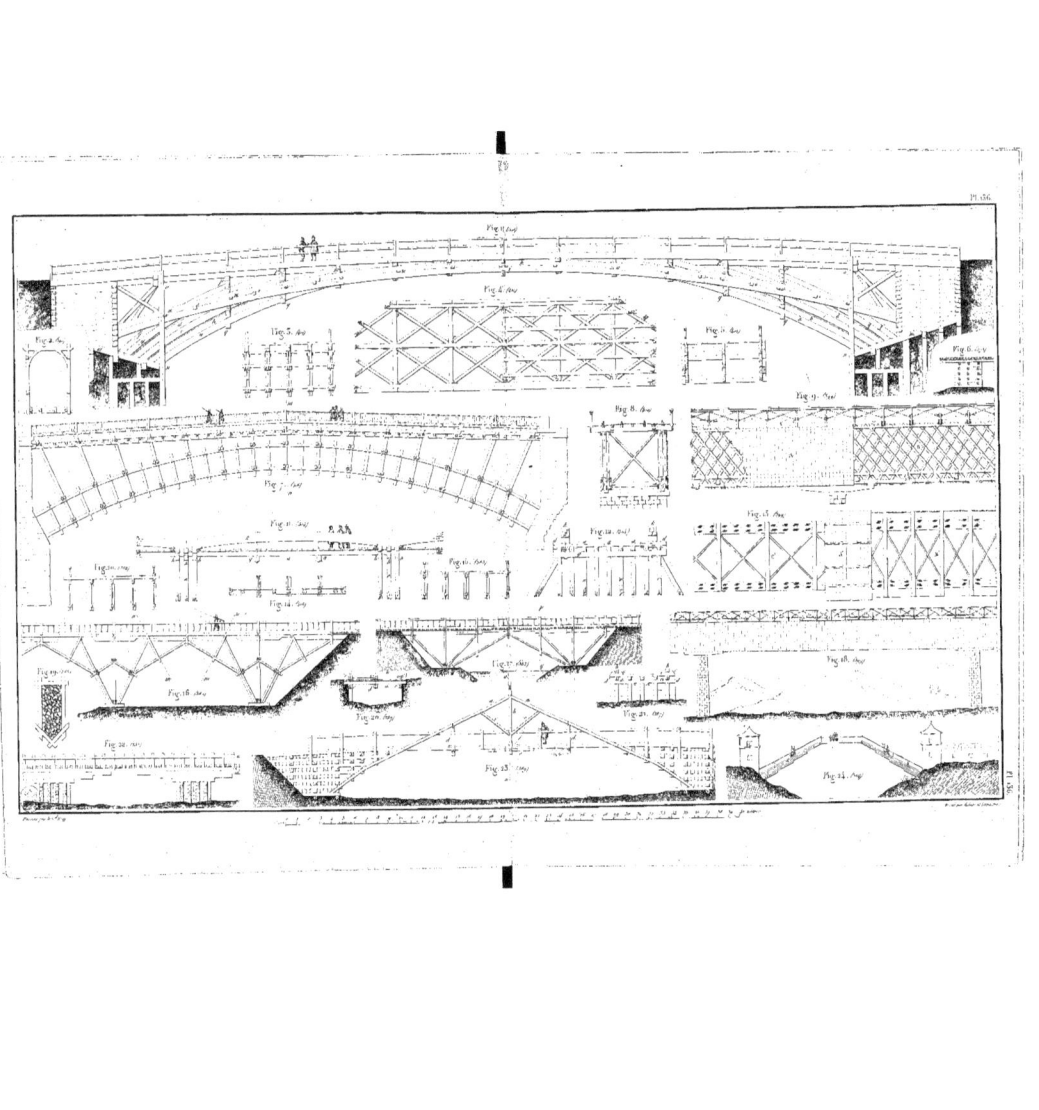

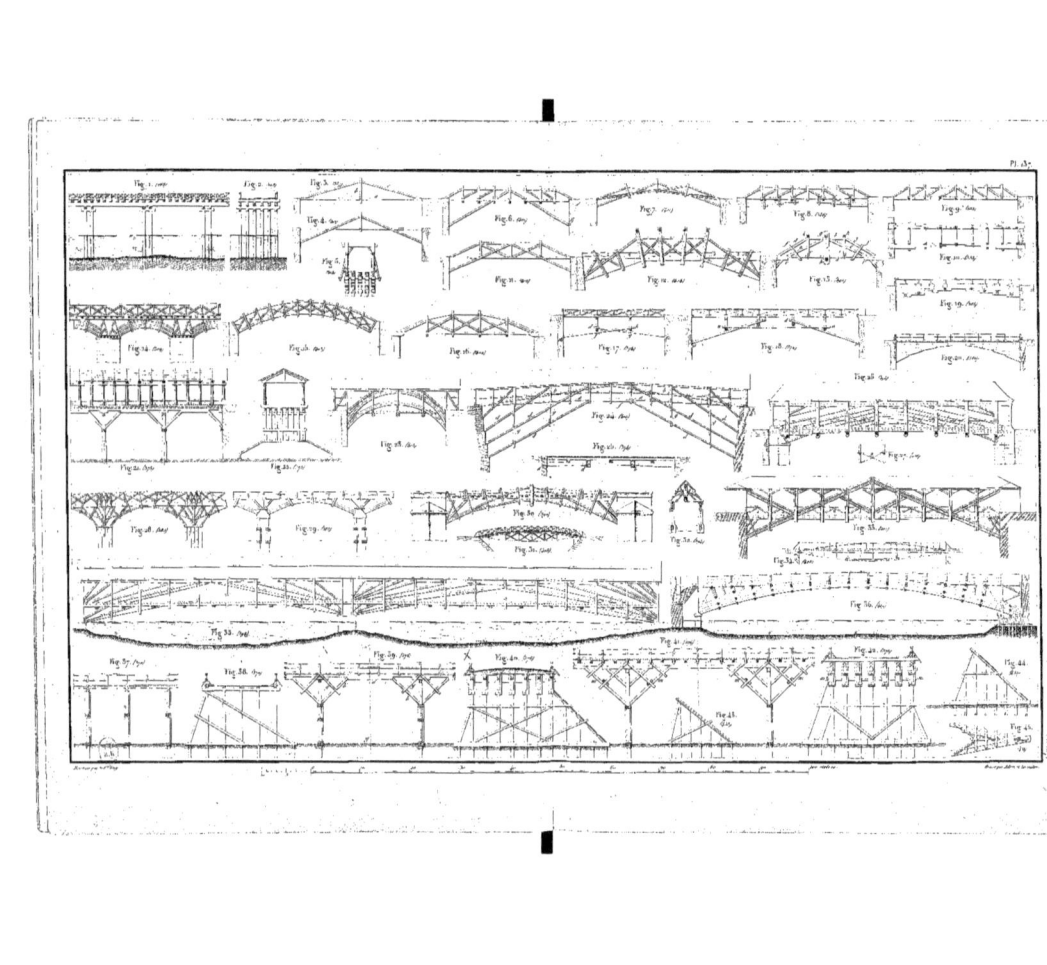

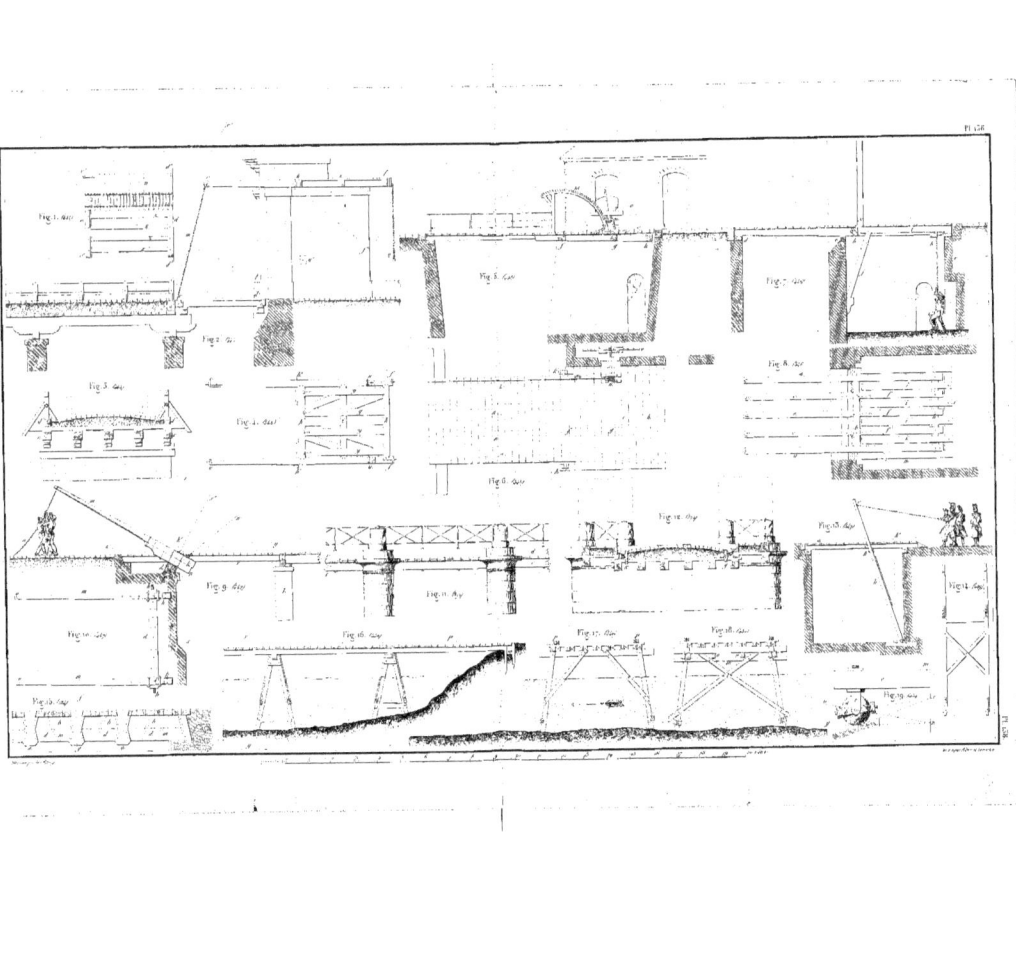

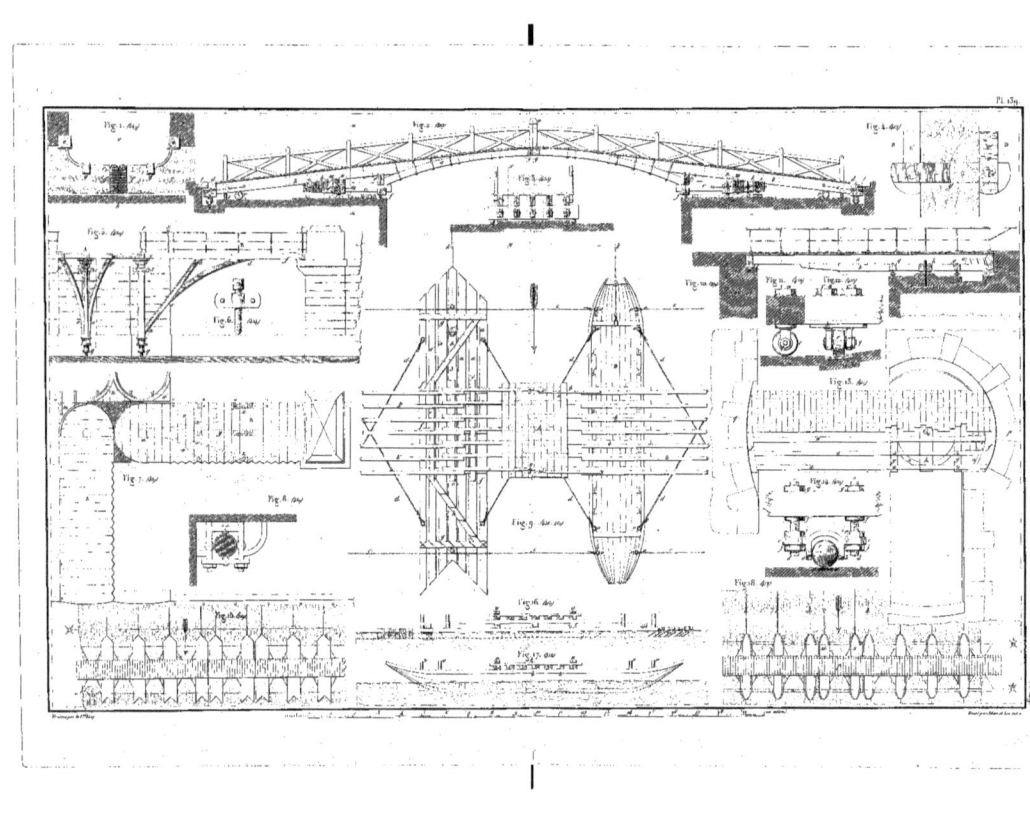

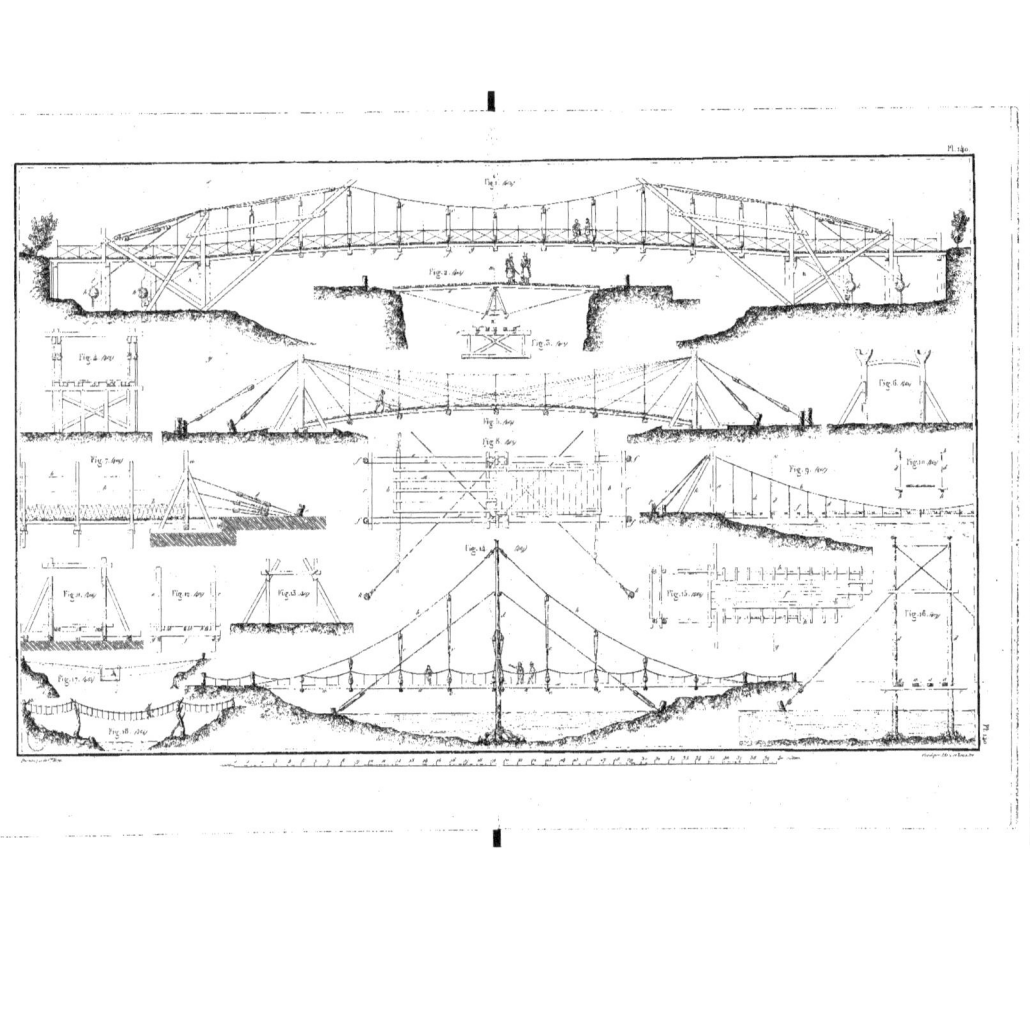

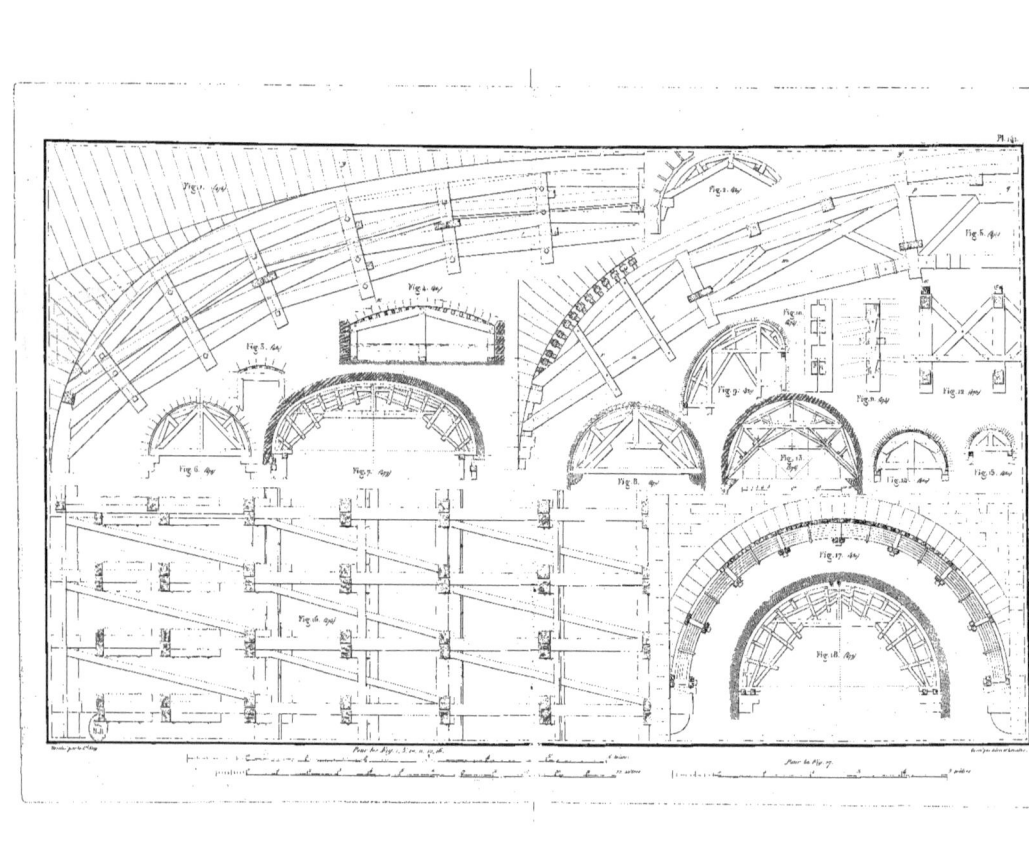

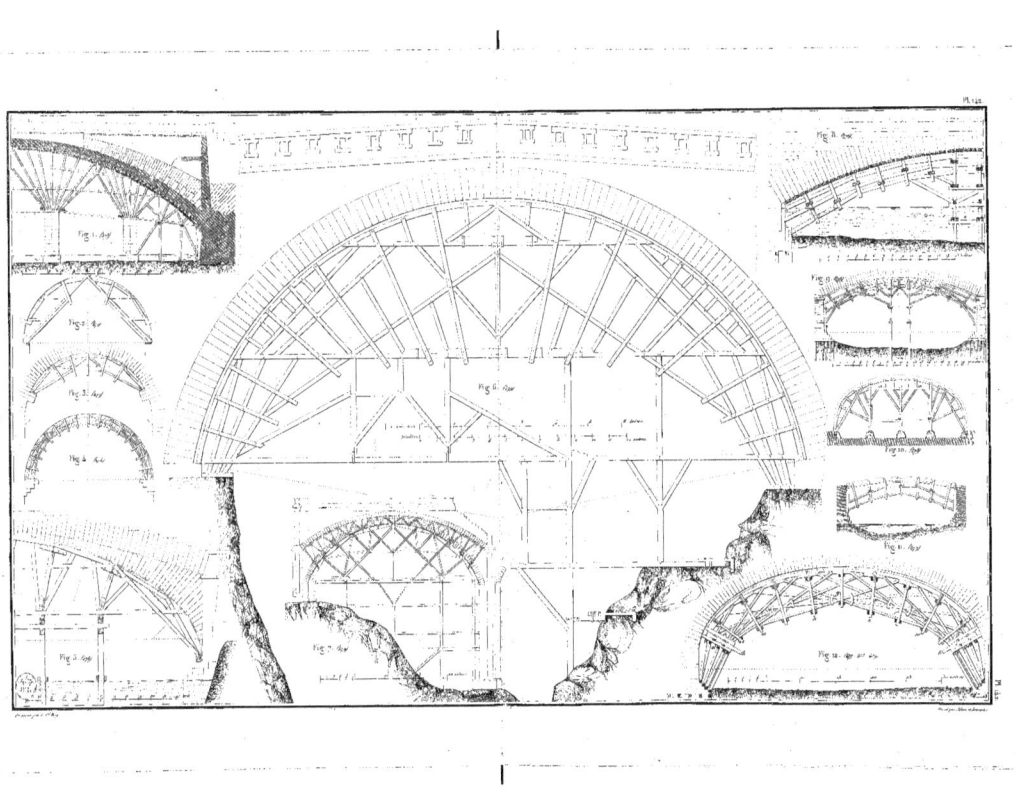

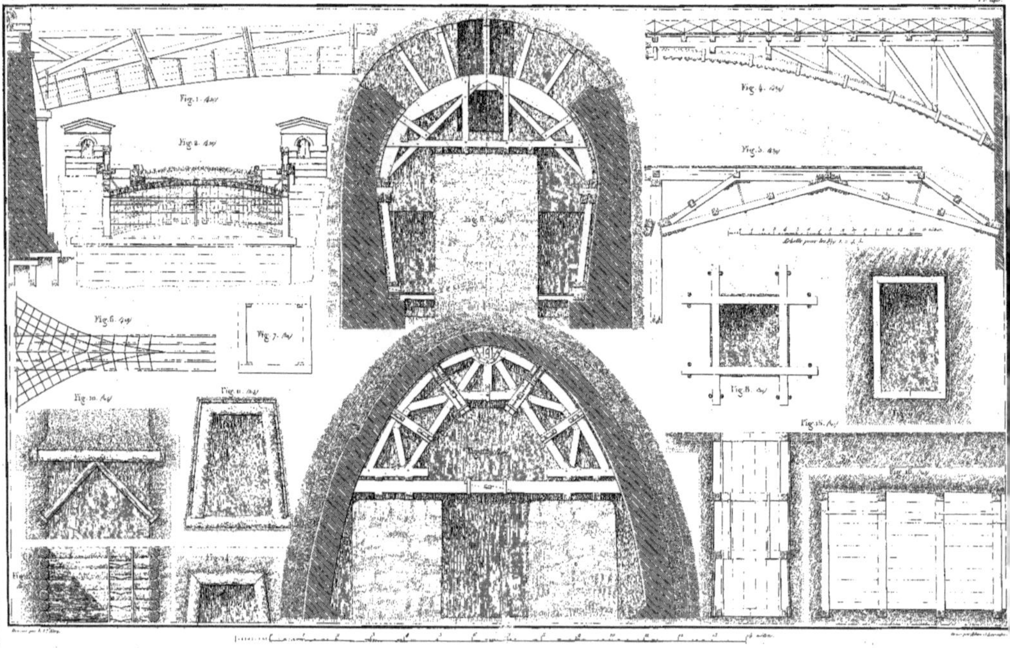

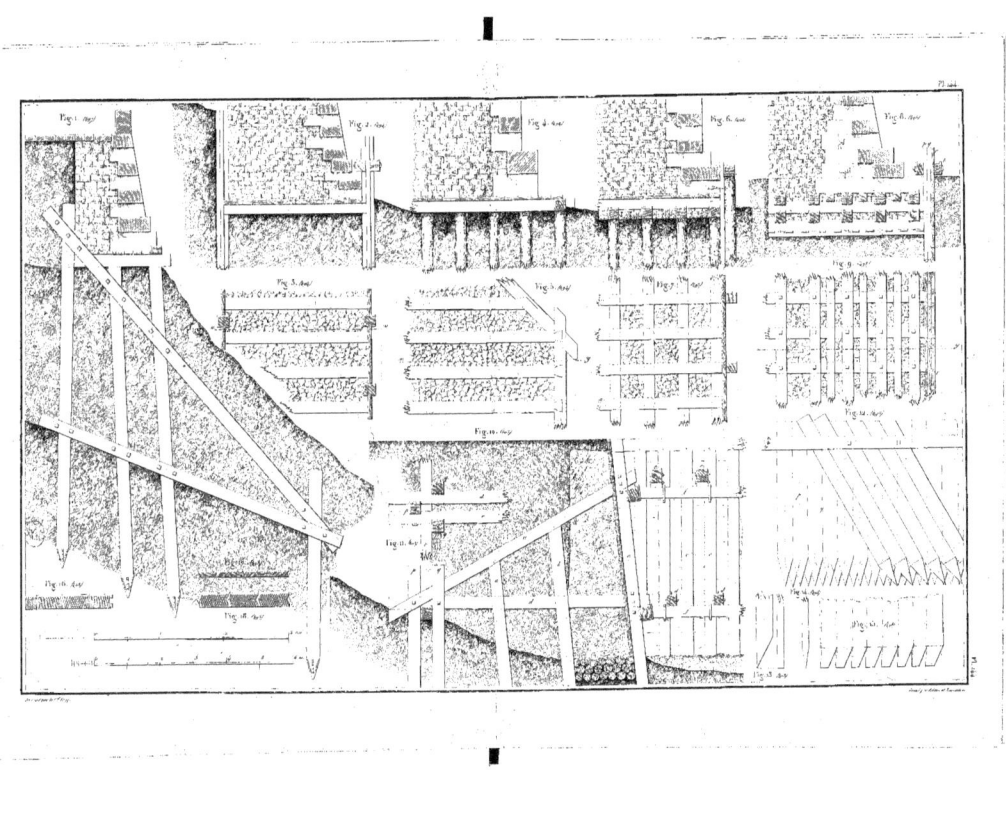

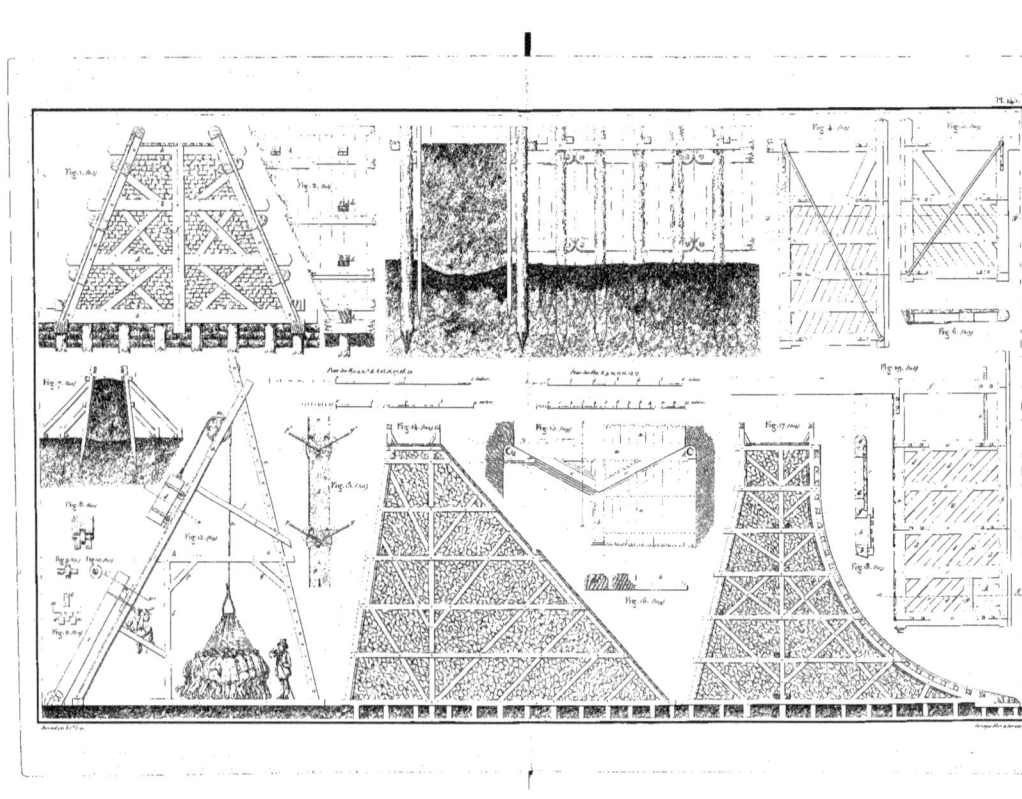

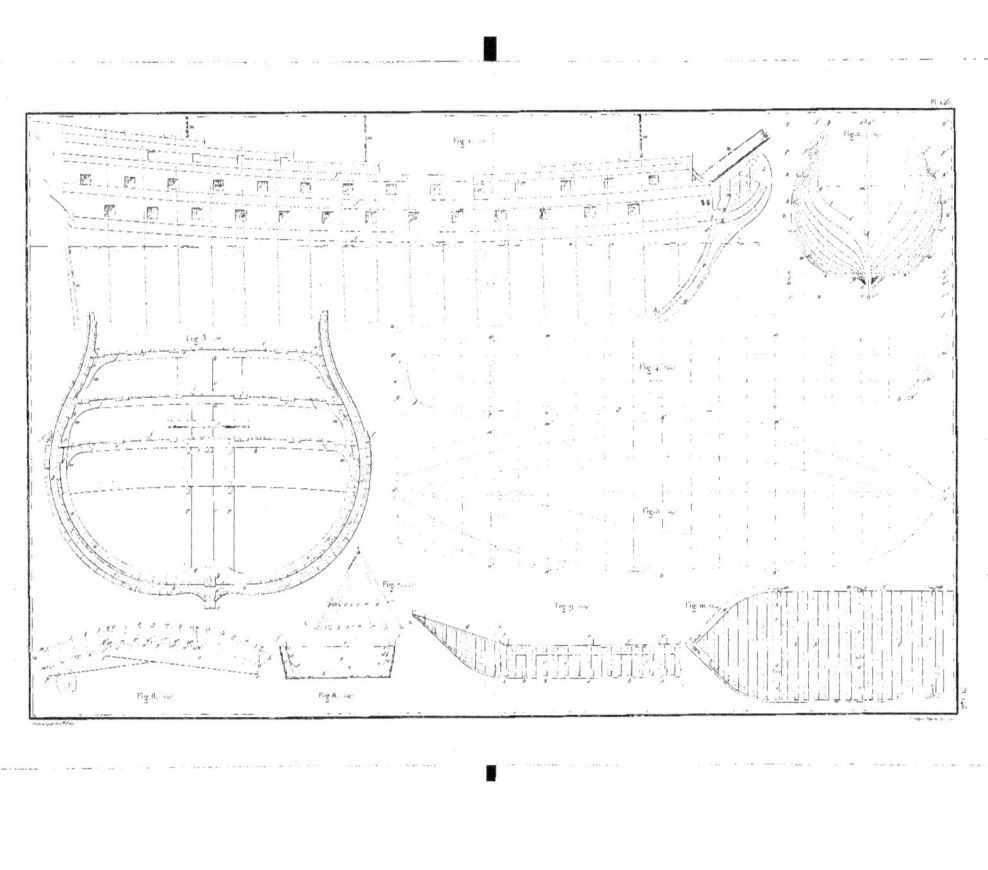

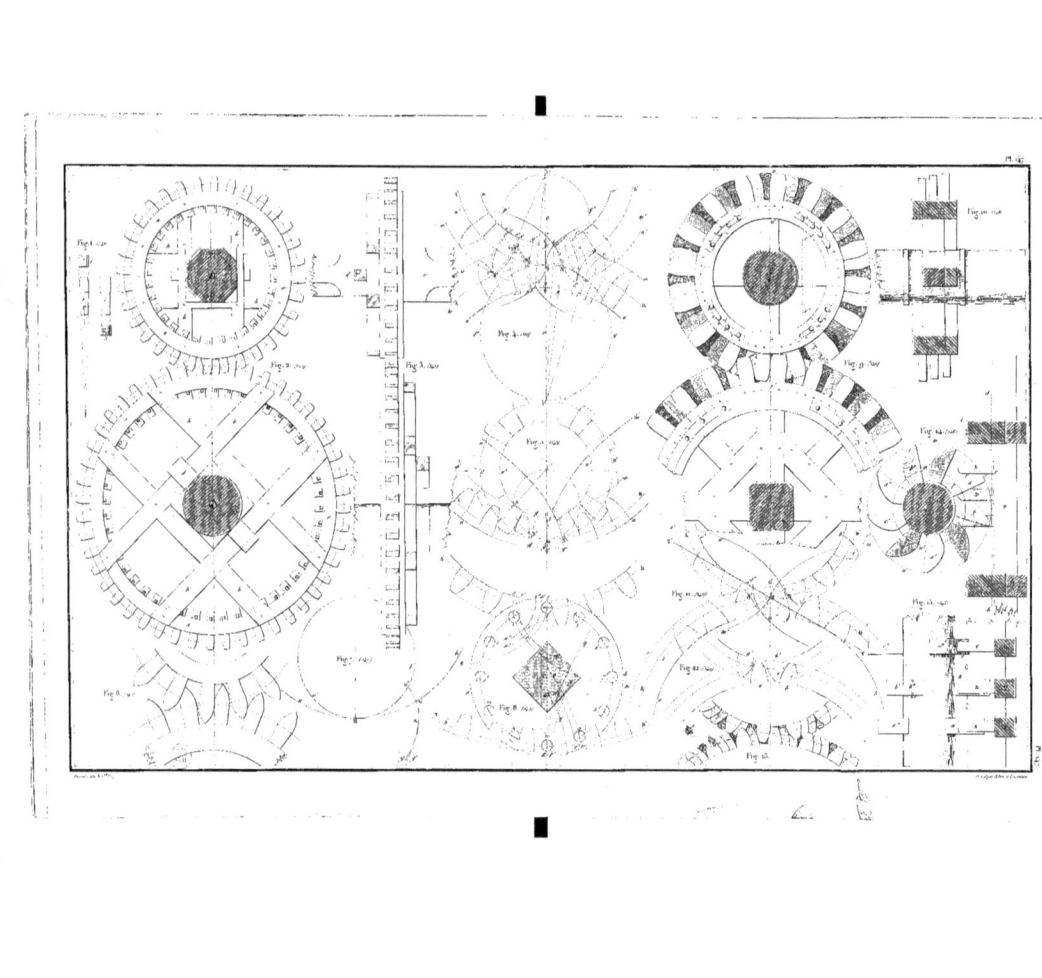

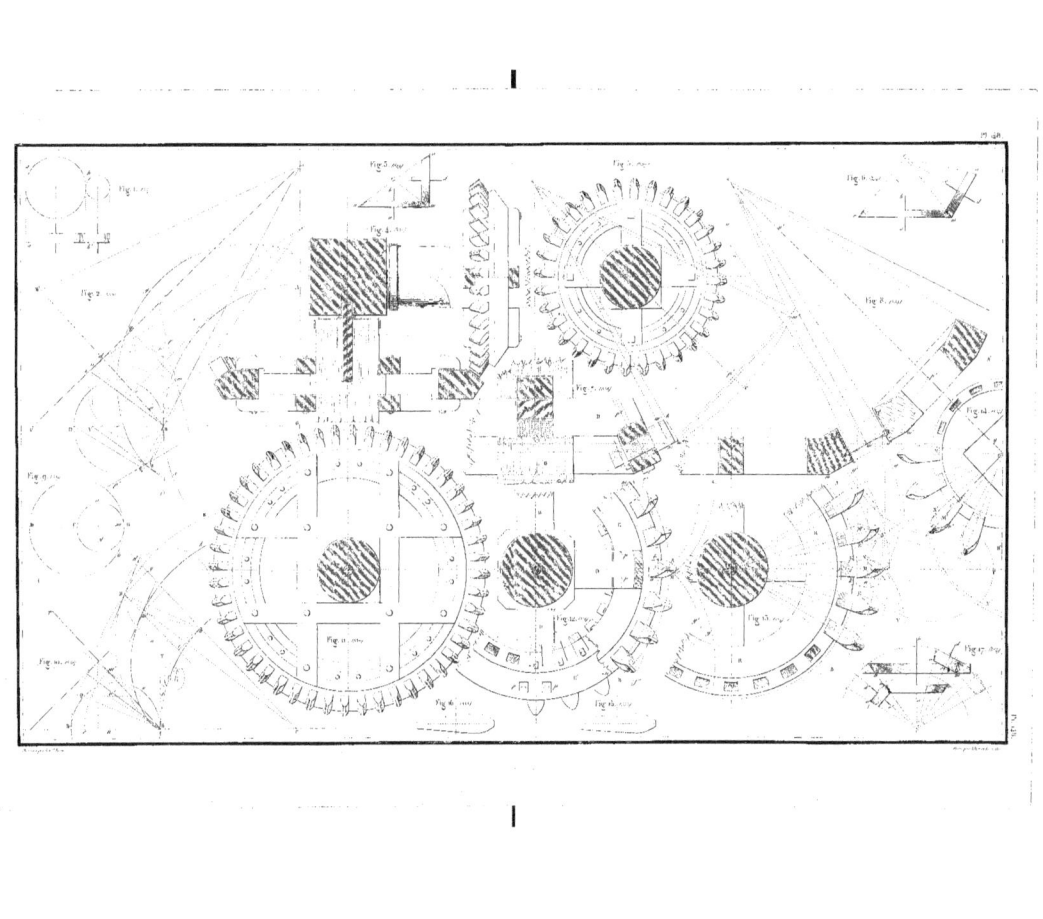

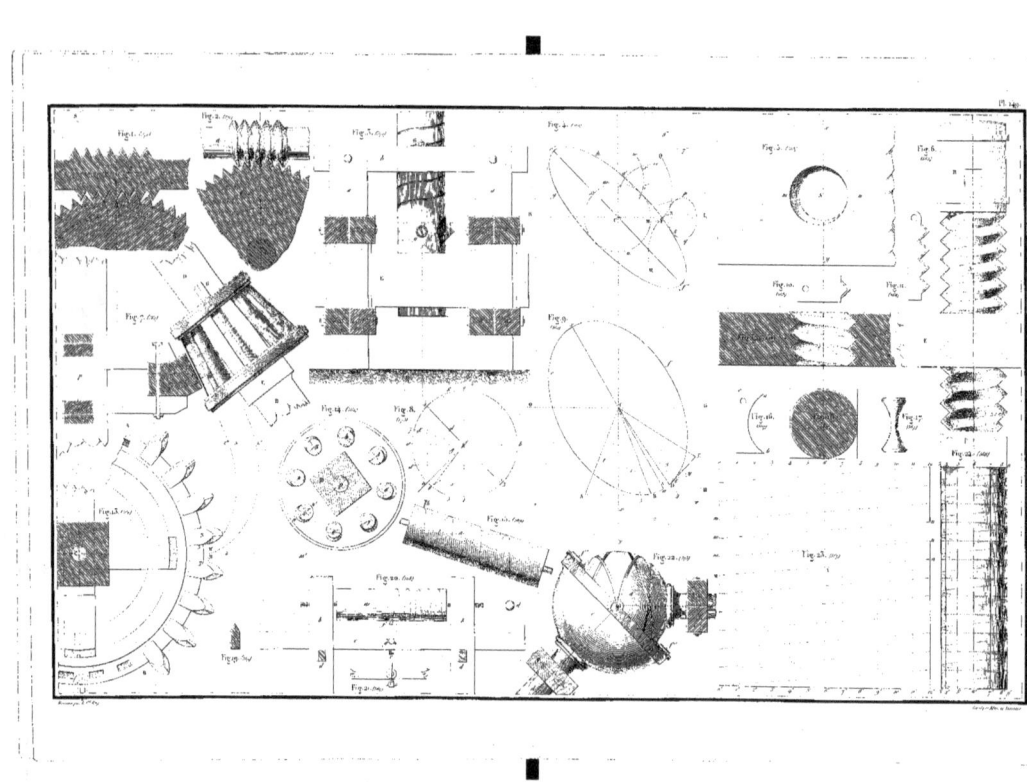

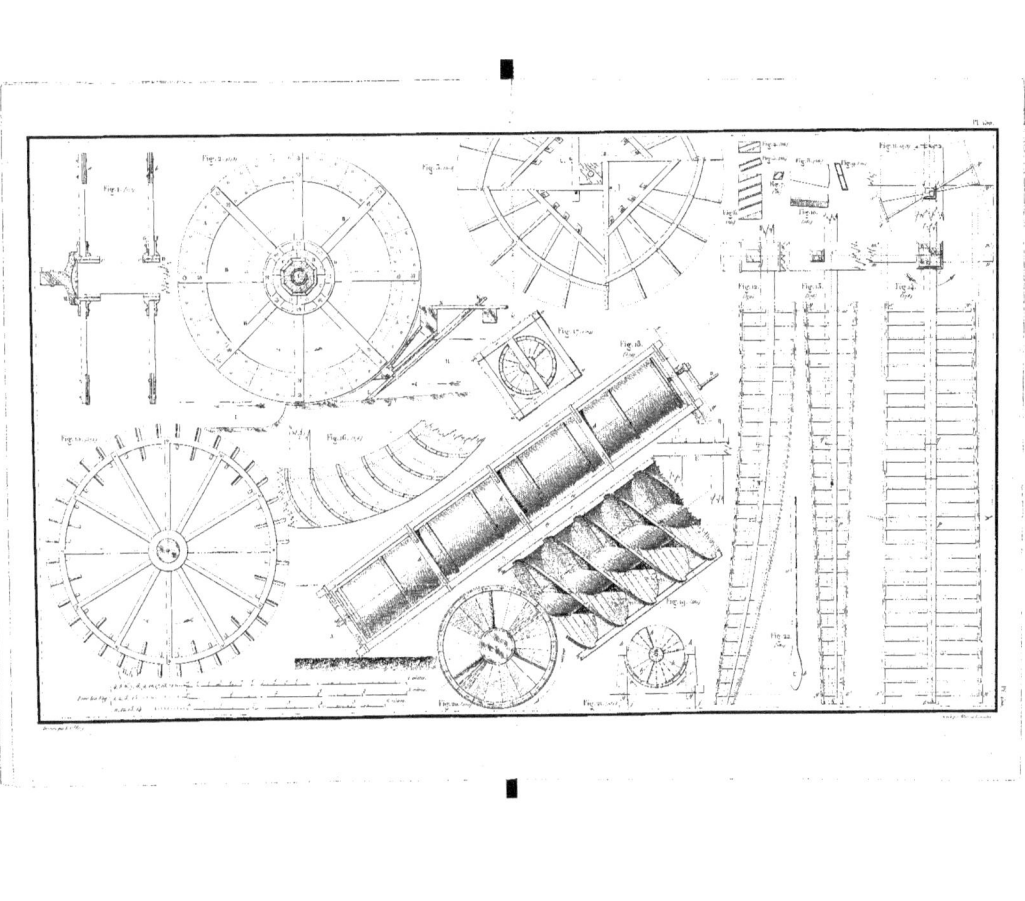

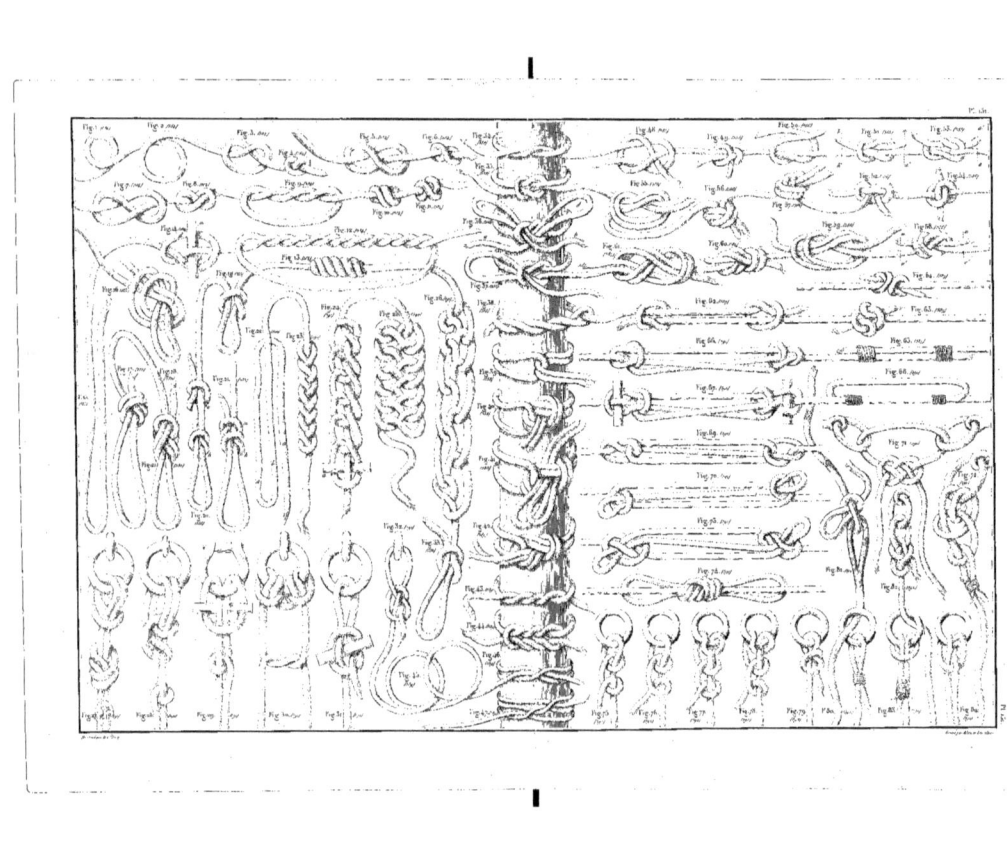

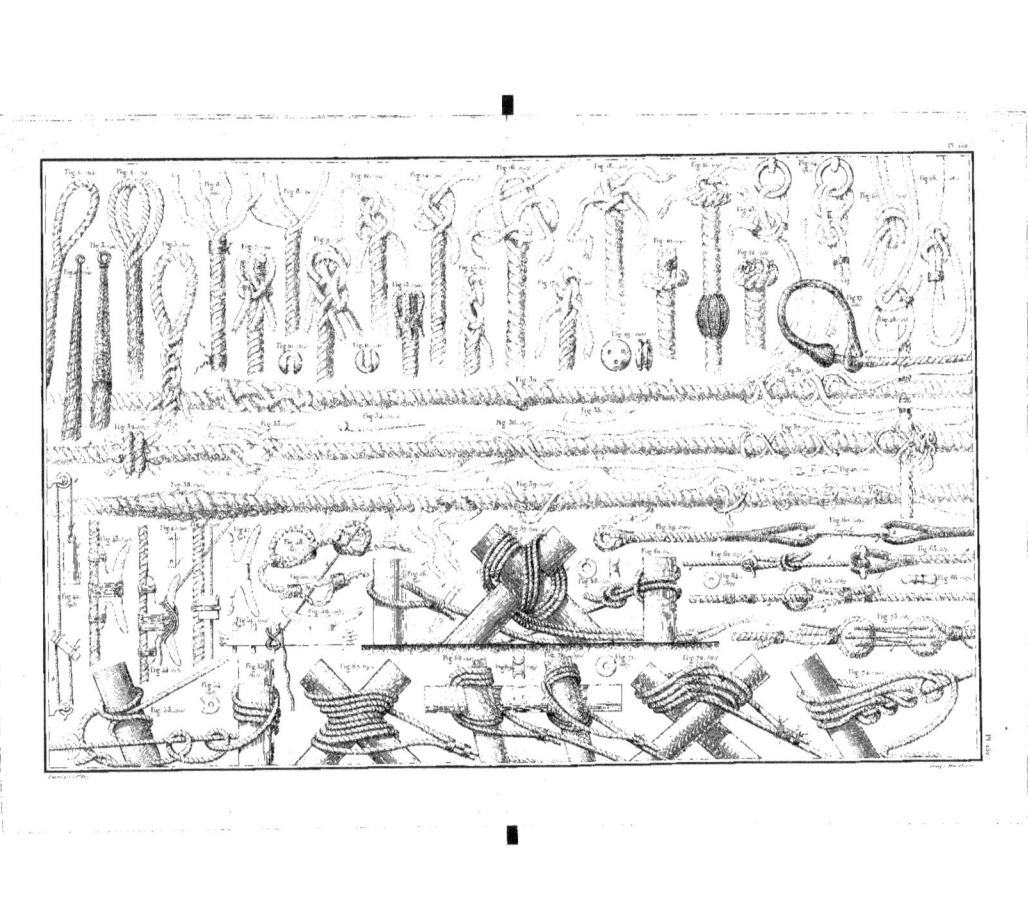

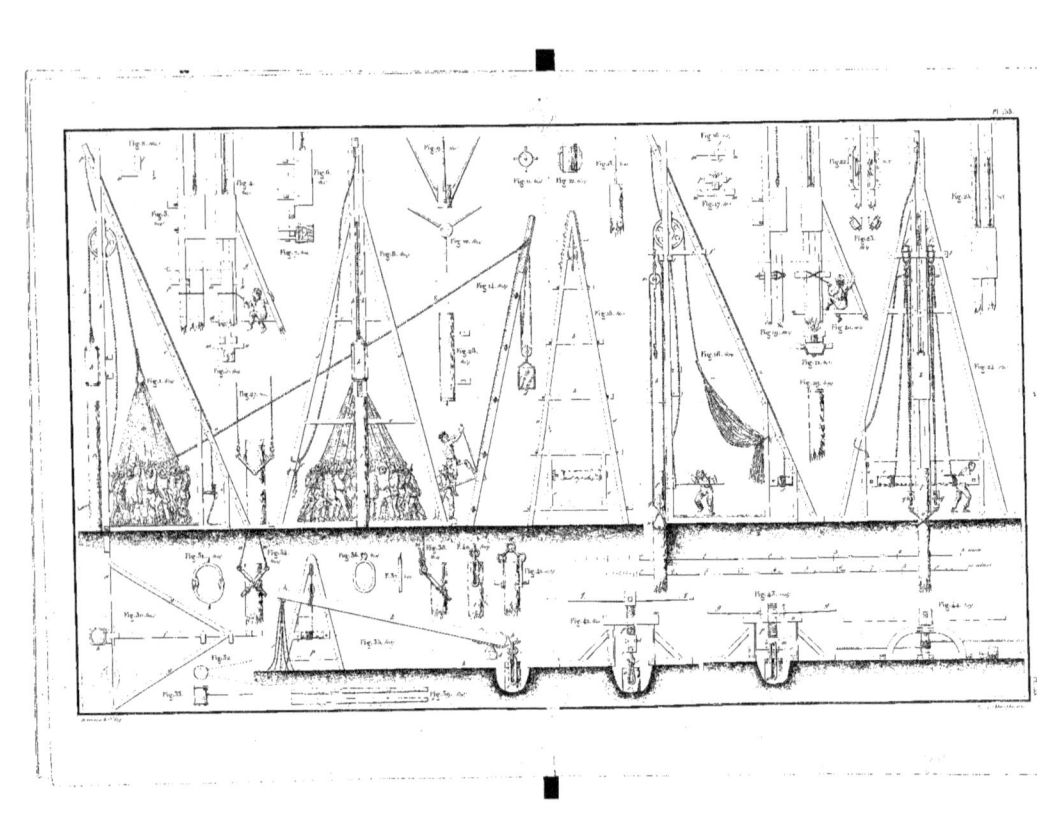

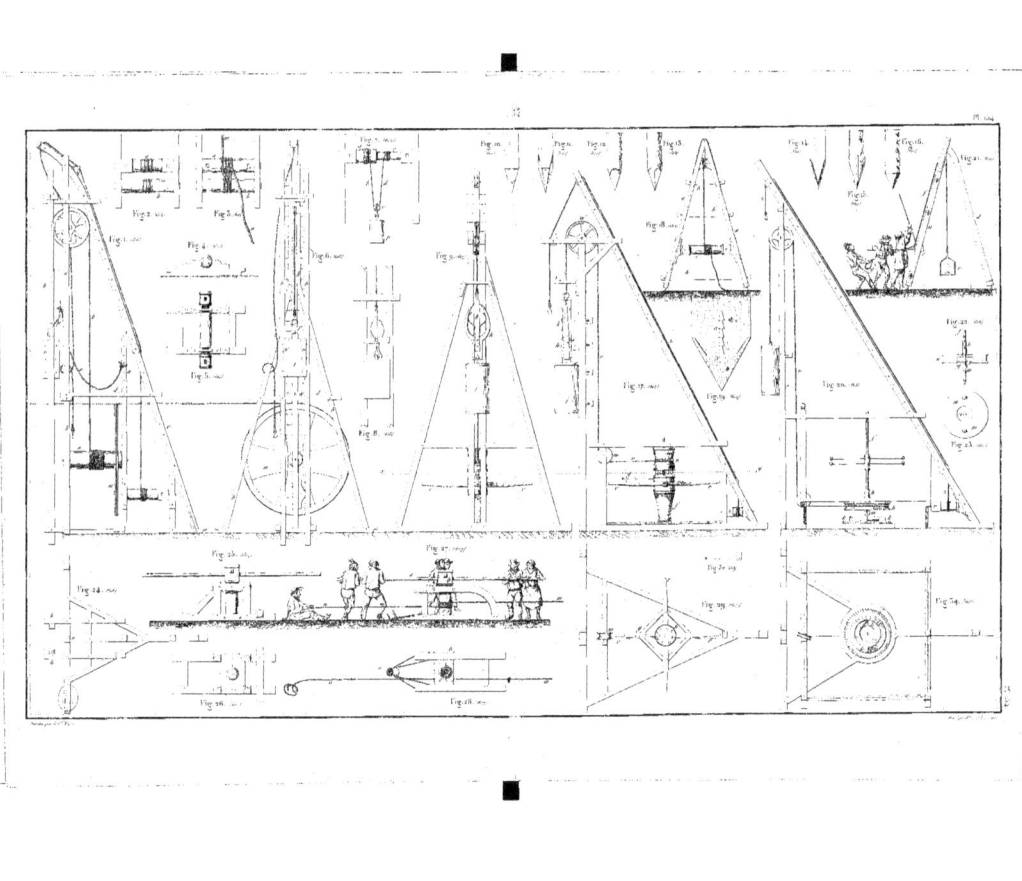

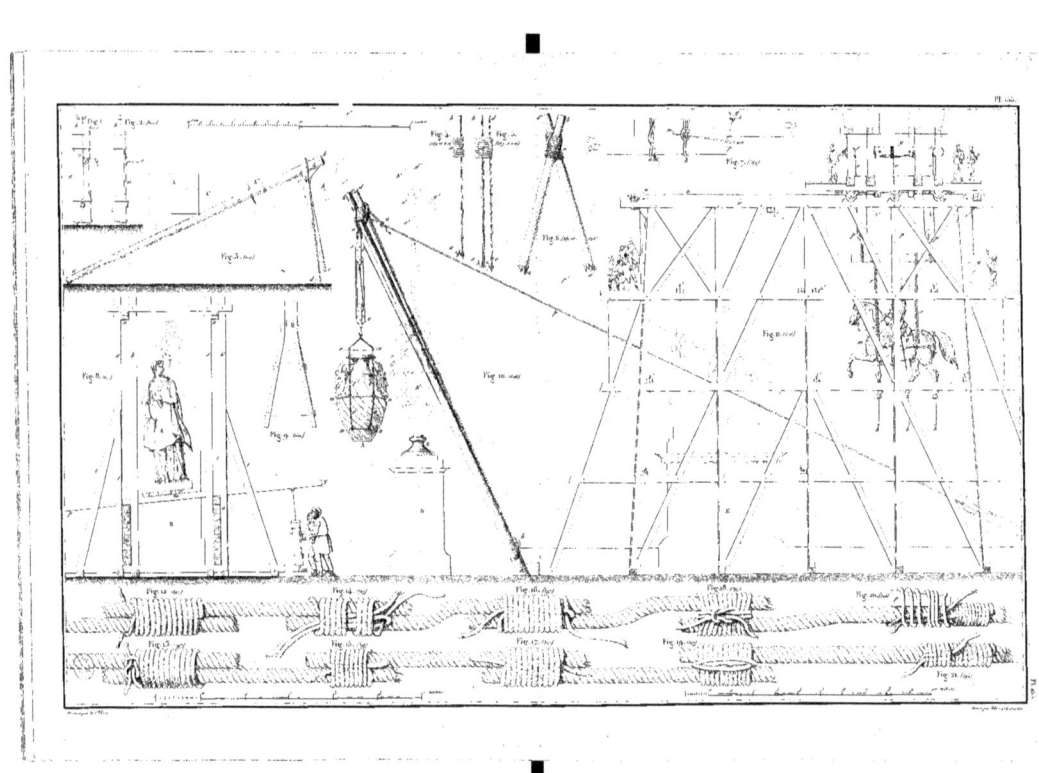

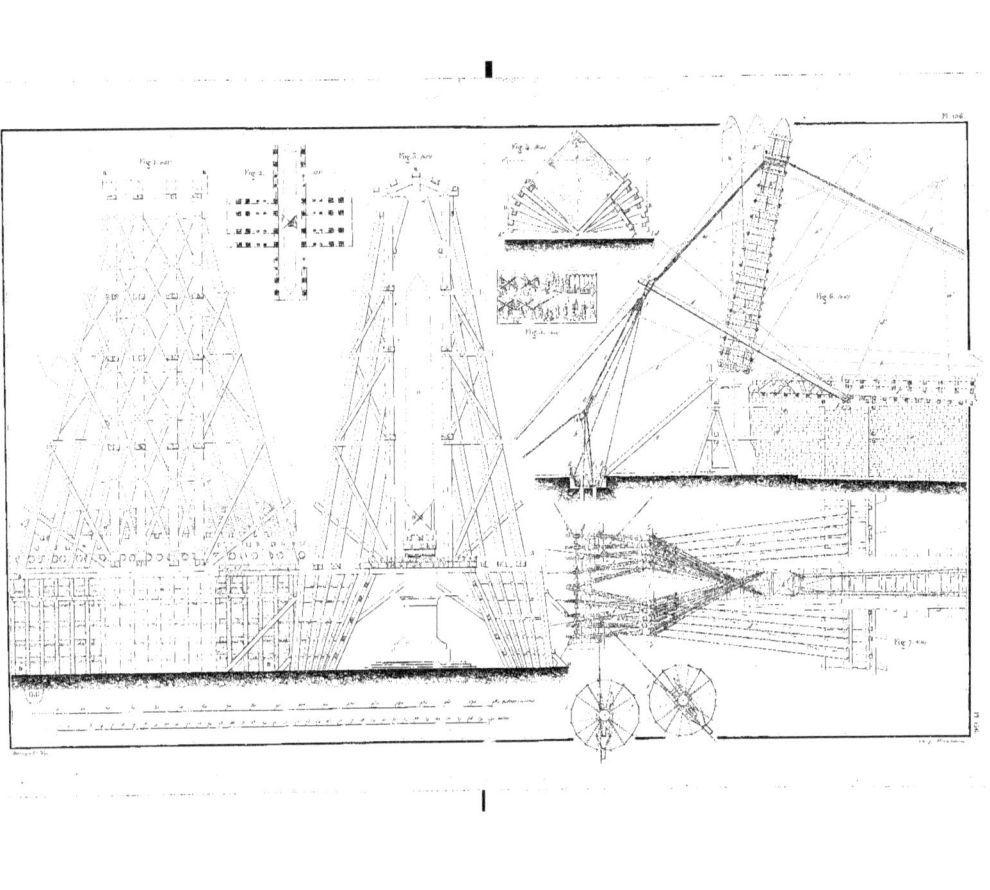

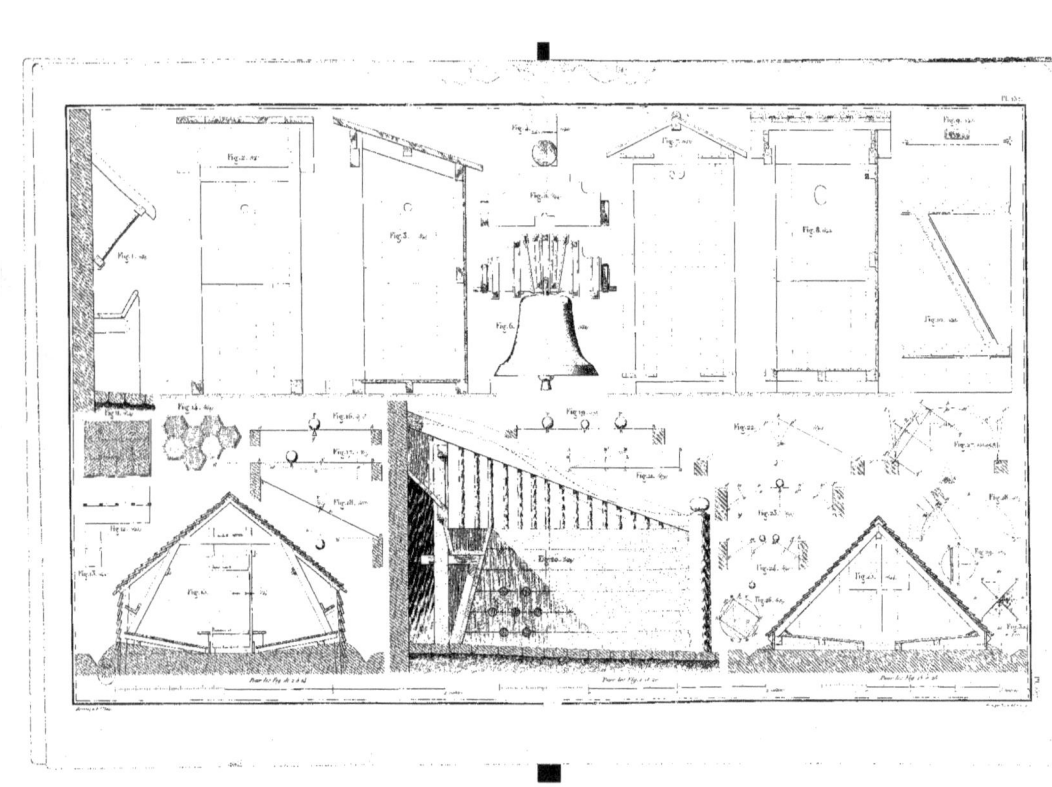

BIBLIOTHÈQUE NATIONALE

ATELIER DE RELIURE

COTE : V 11011

OUVRAGE RESTAURÉ LE : 25 OCT. 1946

RELIÉ LE :